U0350635

山核桃嫁接研究进展

郑炳松　黄坚钦　著

科学出版社

北京

内 容 简 介

本书系统总结了 15 年来在山核桃嫁接方面的基础研究和应用基础研究进展。全书共 11 章，第 1 章简要介绍山核桃的生物学特性和繁育技术；第 2 章和第 3 章阐述山核桃嫁接成活及造林生长的影响因素；第 4 章～第 7 章介绍山核桃嫁接成活过程的解剖结构变化、生理生化因子变化、cDNA-AFLP 分析和主要功能基因的结构及表达变化；第 8 章～第 11 章介绍山核桃嫁接成活过程的转录组变化、小 RNA 测序分析、蛋白质组差异分析及蛋白质组琥珀酰化分析。

本书适合高等农林院校教师及从事经济林研究的研究生及工作人员参考和使用。

图书在版编目（CIP）数据

山核桃嫁接研究进展 / 郑炳松，黄坚钦著. — 北京：科学出版社，2018.9
ISBN 978-7-03-057572-2

Ⅰ. ①山… Ⅱ. ①郑… ②黄… Ⅲ. ①山核桃-果树园艺-嫁接-研究 Ⅳ. ①S664.104

中国版本图书馆CIP数据核字（2018）第113052号

责任编辑：吴卓晶 安 倩／责任校对：陶丽荣
责任印制：吕春珉／封面设计：北京睿宸弘文文化传播有限公司

科 学 出 版 社 出版
北京东黄城根北街16号
邮政编码：100717
http://www.sciencep.com

北京虎彩文化传播有限公司 印刷
科学出版社发行 各地新华书店经销

*

2018年 9月第 一 版 开本：787×1092 1/16
2018年 9月第一次印刷 印张：10
字数：202 000

定价：99.00元
（如有印装质量问题，我社负责调换〈虎彩〉）
销售部电话 010-62136230 编辑部电话 010-62143239（BN12）

　　山核桃（*Carya cathayensis* Sarg.）是我国南方重要的名优特色干果，具有营养、保健、美容及药用价值。我国浙皖天目山区是山核桃天然分布区，也是山核桃的主产区，主要包括浙江省杭州地区的临安区、淳安县、桐庐县、富阳区、建德市和湖州市的安吉县，安徽黄山市的歙县和宣城市的旌德县、绩溪县、宁国市等县（市）。种植山核桃经济效益好，年亩产值（1 亩 $\approx 667\text{m}^2$）可达万元以上，是产区群众主要的收入来源。随着栽培面积不断扩大，山核桃产业已成为主产区重要的支柱产业。

　　本书系统总结了课题组 15 年来开展山核桃嫁接的形态学、解剖学、细胞学、生理学、生物化学、基因组学、转录组学、蛋白质组学等方面的基础研究和应用基础研究进展情况。全书分 11 章，第 1 章介绍山核桃的生物学特性和繁育技术；第 2 章介绍激素处理、接穗类型、接穗芽位和嫁接时间对山核桃嫁接成活率的影响；第 3 章介绍不同砧木类型对山核桃嫁接成活及其嫁接成活植株生长的影响，突出介绍湖南省山核桃砧留床苗不同嫁接时间砧穗含水量及其对嫁接成活率的影响，同时介绍不同立地条件下不同砧穗组合对山核桃嫁接苗造林保存率和树高生长量的影响；第 4 章介绍山核桃嫁接愈合过程的解剖学研究及 IAA 免疫金定位；第 5 章介绍山核桃不同穗条及接穗不同芽位的生理生化因子变化，嫁接植株形成过程中砧、穗内部生理生化因子的变化，以及穗条种类、芽位、嫁接时间和内源激素与嫁接成活率的关系；第 6 章介绍山核桃嫁接cDNA-AFLP 分析，发现了参与信号转导、IAA 运输和水分运输的相关基因，并初步提出山核桃嫁接的分子调控网络；第 7 章介绍山核桃生长素、细胞分裂素和水分运输等相关基因 *Aux/IAA*、*ARF*、*GH3*、*AUX/LAX*、*PIN*、*ABCB*、*RR* 和 *PIP* 的克隆，并分析它们在山核桃嫁接过程中的作用；第 8 章介绍山核桃嫁接转录组变化，通过 Illumina 测序、组装和基因注释、GO 分类及 KEGG 分析获得转录组数据，并进行山核桃嫁接过程中差异表达基因和差异表达基因的蛋白质互作网络分析，进行生长素和细胞分裂素信号途径的基因表达分析，并进行了 qRT-PCR 验证；第 9 章介绍山核桃嫁接小 RNA 测序，通过山核桃 miRNA 文库构建、Solexa 测序及序列分析获得小 RNA 数据，进行山核桃嫁接过程中保守 miRNA 和新 miRNA 的分析，进行山核桃嫁接不同时期 miRNA 差异表达分析，并对 miRNA 靶基因进行预测和表达量验证；第 10 章介绍山核桃嫁接蛋白质组差异分析，通过山核桃嫁接接合部蛋白分析与注释，获得山核桃嫁接过程差异变化蛋白质，对差异蛋白质进行鉴定、分类和转录组学与蛋白质组学的比较分析，分析了山核桃嫁接过程中差异表达蛋白的生物学功能，解析了基于山核桃嫁接蛋白组的黄酮代谢途径、乙醛酸和二羧酸代谢途径及氨基酸代谢途径等，并对黄酮代谢途径相关蛋白进行了鉴定与表达分析；第 11 章介绍山核桃嫁接蛋白质组琥珀酰化分析，通过对琥珀酰化蛋白的鉴定、注释、富集分析获得蛋白质组琥珀酰化数据，并进行山核桃琥珀酰化位点特异氨基酸鉴定，分析山核桃琥珀酰化蛋白参与的糖酵解、戊糖磷酸化等代谢途径。

本书由郑炳松、黄坚钦撰写，夏国华、闫道良、沈晨佳、袁虎威、刘力、朱玉球、程晓建、褚怀亮、方佳、艾雪、司马晓娇、刘传荷、何勇清、何漪、裴玲玲、赵亮、徐栋斌和 Saravana Kumar 参与了部分实验工作，特此致谢。

本书得到浙江省林学一流学科（A 类）基金资助出版，特此致谢。

由于作者水平所限，书中难免存在不足之处，敬请同行与读者予以指正赐教。

郑炳松

2017 年 10 月 9 日

于临安东湖

目 录

第1章　山核桃简介

　　山核桃（*Carya cathayensis* Sarg.），又称小核桃，隶属于胡桃科（Juglandaceae）山核桃属（*Carya* Nutt.），是木本油料树种，也是我国特有的坚果树种，其果实是我国南方重要的名优特色干果（Wang et al., 2012a；2014）。山核桃坚果种仁富含脂肪、蛋白质及大量人体必需矿质元素，具有营养、保健、美容及药用价值，经常食用有润肺、滋补和康复之功效，还可降低血脂、预防冠心病；山核桃仁可制各种糖果糕点，干果可加工成各种产品；山核桃木材坚硬、纹理直、耐腐、抗韧性强，在军工、船舶、建筑等行业有着广泛用途。我国浙皖天目山区是山核桃的天然分布区和主产区，主要包括浙江杭州的临安区、淳安县、桐庐县、富阳区、建德市和湖州市的安吉县，安徽省黄山市的歙县和宣城市的旌德县、绩溪县、宁国市等县（市）。种植山核桃经济效益好，年亩产值可达万元以上（1 亩 ≈ 667m²），是产区群众主要的收入来源。随着山核桃栽培面积的不断扩大，山核桃产业已成为主产区重要的支柱产业。

1.1　山核桃的生物学特性

　　山核桃树皮光滑，幼时青褐色，老树皮灰白色；裸芽、新梢、叶背面及外果皮外表均密被锈黄色腺鳞。山核桃幼年期生长缓慢，3 年以后生长加快；一般 6 ～ 7 年开始结果，20 年以后进入盛果期；结果大小年十分明显，主要原因是营养不足，结果大年枝梢生长细弱，次年抽发新梢不能形成雌花而变为小年。目前，对山核桃生态生物学特性的认识已比较深入。王绍忠等（1991）将安徽山核桃划分为皖南山区和皖西大别山区 2 个分布区，认为大别山山核桃与浙皖山核桃应属于不同的种系，但未对染色体数目及组型作进一步的观察研究。何方（1988）、黎章矩等（1992）的研究结果表明，山核桃较耐寒又耐阴，生长环境以全年平均温度 13.5 ～ 17.2℃、降雨量 1 300 ～ 1 500mm、海拔 200 ～ 800m 的阴坡山地为好。其生长发育需充足水分，不同物候期对水分有不同要求。春梢生长、花器官发育、果实和裸芽生长发育期，要求雨水充沛均匀，干旱会影响果实发育，增加落果和空果。对山核桃花芽分化和开花习性的研究表明，花期降雨天数、降雨量和产量呈显著负相关。山核桃分布区的母岩以石灰岩最多，山核桃在以石灰岩发育的黑色和红色淋溶石灰土，板岩发育的石质红壤，页岩发育的黄、红壤生长为好，土壤 pH 以 6 ～ 7 为宜。

1.2 山核桃的繁育技术

1.2.1 播种育苗

山核桃种子要采自树龄 30 年左右的壮年树，一般白露后 7～10d 果实大量脱落时采收。山核桃采回后要立即手工剥出种子，并进行水选，把沉在水下面的湿种子取出，摊开室内阴干，至果壳表面干燥即可播种。种子采下后如不及时播种则需储藏。将种子与湿沙（1∶3）混合均匀后进行埋藏，沙的湿度以手能捏成团，但不见水流出为宜，种子数量少可装入透气的尼龙袋埋入沙坑，数量多可直接埋入沙坑，上留通气孔，覆盖 20cm 的土。至翌年春季 3 月中、下旬从沙坑中取出沙藏的种子，用筛子筛出种子，进行播种。山核桃储藏也可采取蒲藏，果实采回后连蒲堆放在室内，高度不能超过40cm，2～3d 翻动 1 次，播种时连蒲一起播种。蒲藏种子储藏时间不能太长，一般 2个月内较好。蒲藏到第 2 年春播，种子发芽率不高。山核桃幼苗由于有怕强光、怕积水的习性，圃地首先要选择质地为沙壤、排水良好的地方；其次要尽量避免阳光直射，以阴坡及半阴坡为好，有条件的可搭建遮阳网及其他遮阳设备（王鸿，2014）。

1.2.2 无性嫁接

长期以来，我国山核桃生产以实生苗栽培为主，生产林个体分化严重，存在产量、品质不稳定等问题。实现种植品种无性化是山核桃产业持续高效发展的必然选择，也是我国山核桃产业亟待解决的科学问题。嫁接繁殖是山核桃良种化的重要途径之一，但其嫁接技术落后，多年来一直困扰着产业的发展。钱尧林等（1994，1995）对山核桃嫁接技术进行了研究，采用室内切接和室外剥皮接 2 种新技术，使山核桃嫁接最佳成活率达 80% 以上，且提早结果。汪祥顺等（1997）、章小明等（1999）、汪开发（2016）和孙舒乐（2017）也对山核桃嫁接技术进行了研究，使嫁接成活率达 80% 以上，保存率 55% 左右，并分析了影响山核桃嫁接苗保存率的因子，提出了提高山核桃嫁接苗保存率的技术措施。上述研究说明山核桃无性繁殖是可能的，但其嫁接都是以胡桃科化香（*Platycarya strobilacea* Sieb.et Zucc.）作为砧木，保存率太低，只有 17.6%，因此山核桃嫁接并没有取得实质性的进展。1998～2000 年浙江农林大学山核桃课题组采用激素对接穗进行处理，然后进行本砧嫁接的试验，使 1 年生枝嫁接成活率最好的 1 种组合达 90.48%，重复试验平均成活率达 93%，效果显著。黄坚钦（2002）同时在细胞及组织水平研究了山核桃的嫁接过程，指出山核桃形成层薄，嫁接时砧木和接穗很难准确对接，是山核桃嫁接成活率低的主要原因，这与认为山核桃嫁接难主要源于树体单宁含量高的观点不尽一致。朱玉球等（2001）对山核桃愈伤组织诱导进行了初步研究，为接穗选择、附加外源激素种类与配比选择及提高嫁接成活率提供了理论依据。姚维娜等（2010）采用质量分数 $1.5×10^{-4}$ 的吲哚乙酸（IAA）处理接穗、贴皮枝接、移栽苗砧加生根粉（ABT）处理的组合进行山核桃嫁接效果最好，嫁接成活率高达 75%。俞飞飞等（2015）选择美国薄壳山核桃为砧木进行切接，嫁接成活率最高为 68.5%，苗木生长势强，嫁接口愈合良好。其中以 4 月 4 日嫁接的成活率最高，达 70.0%，但 3 月 22 日嫁接的苗木生长最好，建议嫁接时间选择在春分和清明之间进行，嫁接后采用大拱棚保温保湿。唐艺苓等（2017）对山核桃属种间嫁接亲和性进行了研究，试验结果表明，山核桃和湖南山核桃亲和性良好，以薄壳山核桃为砧木分别嫁接山核桃和湖南山核桃亲和性好，但分别以山核桃和湖南山核桃为砧木嫁接薄壳山核桃亲和性差，这为嫁接砧穗的选择提供了理论依据。虽然上述研究取得了可喜的成果，但山核桃嫁接技术还缺乏完整的体系，对环境因子、嫁接苗管理、愈伤组织细胞的分化及成苗内外条件等，都有待于进一步优化。

总的来说，山核桃嫁接根据嫁接的方式不同，选择的时间也不同。一般选择在春分到清明时段，此时温度适宜、气温恒定、降水量充足，阳光照射强度也较为适宜，且山核桃树正值 1 叶期，树木生理活动旺盛，嫁接后生长速度加快，砧木伤流少，利于砧穗愈合。此外，砧木和接穗的质量是山核桃嫁接好坏和成活率高低的决定性因素。同时，山核桃的嫁接具有较高的技术含量。只要把握好接穗的状态，在合适的时间进行嫁接，并做好嫁接后的管理工作，定能提高嫁接的成功率，获得较好的嫁接效果，从而提高山核桃的栽培效率。

第 2 章 山核桃嫁接技术

山核桃是我国特有的木本油料树种，其果实是我国特有的优质干果（Wang et al., 2012b），投入低、产出高，产品供不应求，其产业的发展主要依赖于栽培面积的迅速扩大，但山核桃嫁接困难，造林只能采用实生苗，童期长、投产迟，结果需要 12 年以上，而且结果前期产量低、不稳定，品质参差不齐；同时其树体高大，管理不便，给果实采摘带来严重的安全隐患。山核桃良种繁育技术落后，良种的生产不能满足造林的需求，良种供需矛盾突出。山核桃种苗现代化繁育基础设施相对落后，满足不了现代林业产业提升的进程。山核桃良种嫁接苗需求的快速增长与种苗培育滞后的矛盾逐渐显现。要解决上述问题，做强做大山核桃产业，关键在于山核桃良种快繁及其产业化关键技术的突破。

山核桃本砧嫁接一直是个难题，影响了良种化进程，导致山核桃成为少数没有实现良种化栽培的经济树种之一。本章研究了激素处理、接穗种类、接穗芽位、嫁接时间等对山核桃本砧嫁接成活率的影响，以期突破山核桃嫁接繁育技术难题，为山核桃良种快繁及产业化提供技术保障。

2.1 激素处理对山核桃嫁接成活率的影响

高等植物的生长发育受植物激素的广泛调控，植物的嫁接同样受激素的调控。嫁接的理论研究通过可控的试验系统——离体茎段嫁接技术，研究了生长素与细胞分裂素对嫁接体愈伤组织形成的影响，认为植物激素通过影响砧木和接穗间维管束桥形成的时间及数目调控嫁接组合的发育，是离体茎段嫁接系统嫁接成功的必要条件；并认为吲哚丁酸（IBA）的作用较 6-苄氨基腺嘌呤（6-BA）显著。在生产过程中，人们也常用生长调节剂处理接穗以提高嫁接的成活率。在山核桃的嫁接试验中，我们用生长素（N）、细胞分裂素（B）和赤霉素（G）处理山核桃砧木及接穗，研究激素种类及浓度对山核桃嫁接的影响，每种激素用 3 个水平进行处理，其中生长素和赤霉素的处理浓度为 $1mg \cdot L^{-1}$、$2mg \cdot L^{-1}$ 和 $4mg \cdot L^{-1}$，细胞分裂素的处理浓度为 $2mg \cdot L^{-1}$、$4mg \cdot L^{-1}$ 和 $8mg \cdot L^{-1}$，各激素的 3 个水平按照处理浓度从小到大的顺序分别用 1、2 和 3 代替。从激素处理对以 1 年生枝、生长枝、结果枝为接穗的山核桃嫁接成活率影响的方差分析结果（表 2.1～表 2.3）来看，生长素处理对以 1 年生枝、生长枝和结果枝为接穗的山核桃嫁接成活率的影响达到显著或极显著水平，说明不同种类接穗嫁接成活率与生长素的调控作用密切相关。同时，在表 2.3 中还发现，生长素与赤霉素间的互作对以结果枝为接穗的山核桃嫁接成活率的影响达到极显著水平，说明赤霉素可能通过与生长素的互作在山核桃嫁接成活过程中起调控作用。

表 2.1　激素处理对 1 年生枝接穗嫁接成活率的方差分析

变差来源	自由度（f）	离差平方和（SS）	均方（MS）	均方比（F）
N	2	2 575.875	1 287.938	2.91*
B	2	301.855	150.928	0.34
N×B	4	3 580.874	895.219	2.03
G	2	1 296.078	648.039	1.47
N×G	4	3 412.922	853.231	1.93
剩余	12	5 303.396	441.950	
总和	26	16 471.000		

注：N 代表生长素，B 代表细胞分裂素，G 代表赤霉素。

* 代表差异显著（$P<0.10$），$F_{0.10}$ (2,12) =2.81，$F_{0.05}$ (2,12) =3.89，$F_{0.10}$ (4,12) =2.48。

表 2.2　激素处理对生长枝接穗嫁接成活率的方差分析

变差来源	自由度（f）	离差平方和（SS）	均方（MS）	均方比（F）
N	2	2 837.164	1 418.582	3.945**
B	2	131.063	65.531	0.182
G	2	465.125	232.563	0.647
重复区组	2	3 799.664	1 899.832	5.284**
误差项	72	25 887.540	359.549	
总计	80	33 120.560		

注：N 代表生长素，B 代表细胞分裂素，G 代表赤霉素。

** 代表差异极显著（$P<0.05$），$F_{0.05}$ (2,72) =3.13，$F_{0.10}$ (2,72) =2.38。

表 2.3　激素处理对结果枝接穗嫁接成活率的方差分析

变差来源	自由度（f）	离差平方和（SS）	均方（MS）	均方比（F）
N	2	2 732.17	1 366.09	3.49*
B	2	981.86	490.93	1.25
N×B	4	3 333.45	833.36	2.13
G	2	231.83	115.92	0.30
N×G	4	5 383.84	1 345.96	3.43**
剩余	12	4 699.88	391.66	
总和	26	17 363.03		

注：N 代表生长素，B 代表细胞分裂素，G 代表赤霉素。

* 代表差异显著（$P<0.10$），** 代表差异极显著（$P<0.05$），$F_{0.10}$ (2,12) =2.81，$F_{0.05}$ (2,12) =3.89，$F_{0.10}$ (4,12) =2.48，$F_{0.05}$ (4,12) =3.26。

2.2 接穗类型对山核桃嫁接成活率的影响

为探究不同接穗类型对山核桃嫁接成活的影响，在用不同激素处理的同时，以 1 年生山核桃实生苗为砧木，山核桃当年生实生苗茎（1 年生枝）、结果树上生长枝、结果树的结果枝及徒长枝为接穗进行嫁接，研究接穗种类与山核桃嫁接成活率的关系。方差分析结果（表 2.4）表明，接穗类型对山核桃嫁接成活率影响的 F 值达 77.588，高于 $F_{0.01}$（3,206）=3.88 近 20 倍，达到极显著水平，说明嫁接成活率的差异很大程度上来源于接穗类型。

表 2.4 不同激素、接穗处理下山核桃嫁接成活率的方差分析

变差来源	自由度（f）	离差平方和（SS）	均方（MS）	均方比（F）
生长素	2	49.109	24.555	0.169
细胞分裂素	2	95.188	47.594	0.328
赤霉素	2	391.000	195.500	1.346
接穗类型	3	33 806.380	11 268.793	77.588**
误差项	206	29 919.040	145.238	
总计	215	64 260.717		

** 代表差异极显著（$P<0.01$），$F_{0.01}$（2,206）=4.71，$F_{0.01}$（3,206）=3.88。

对不同接穗类型穗条的嫁接成活统计结果见表 2.5，可以看出，1 年生枝成活率最高，移栽后嫁接的成活率为 86.65%，圃接达 96.93%；其次为生长枝，分别为 39.77% 和 58.19%；结果枝最难成活，仅 20.25% 和 34.27%；徒长枝嫁接后芽萌动很快，萌芽率达 92%，但萌动的芽很容易死亡，至 6 月 5 日，成活率仅为 25%。可见，山核桃的嫁接成活率与枝条种类密切相关，以 1 年生枝为接穗的嫁接成活率最高。

表 2.5 不同穗条嫁接成活情况

接穗类型	嫁接总株数 / 株	成活株数 / 株	成活率 /%
1 年生枝	427	370	86.65
	261	253	96.93
生长枝	953	379	39.77
	232	135	58.19
结果枝	79	16	20.25
	213	73	34.27
徒长枝	100	25	25

2.3　接穗芽位对山核桃嫁接成活率的影响

同一穗条上的不同取芽部位，其嫁接成活率也有显著不同。取山核桃生长枝上不同芽位进行嫁接实验，结果见表 2.6。山核桃的嫁接顶芽基本不能成活，第 1 级侧芽到第 6 级侧芽的成活率依次提高，随后有所下降。通过方差分析可知，嫁接芽位对嫁接成活率具有极显著影响，F 值达 17.576，高于 $F_{0.01}$（8,16）=3.89 近 4 倍（表 2.7）。

表 2.6　不同取芽部位接穗的嫁接成活率

芽位	4 月 15 日			4 月 18 日			4 月 28 日			合计		
	总数/株	成活数/株	成活率/%	总数/株	成活数/株	成活率/%	总数/株	成活数/株	成活率/%	总数/株	成活数/株	成活率/%
顶芽	20	0	0	2	0	0	4	0	0	26	0	0
1	48	7	14.58	36	4	11.11	32	4	12.50	116	15	12.93
2	55	9	16.36	52	16	30.77	50	15	30.00	157	40	25.48
3	52	14	26.92	48	10	20.83	52	21	40.38	152	45	29.61
4	46	14	30.43	45	20	44.44	47	27	57.45	138	61	44.20
5	35	15	42.86	38	22	57.89	37	17	45.95	110	54	49.09
6	22	11	50.00	29	16	55.17	33	21	63.64	84	48	57.14
7	15	7	46.67	17	8	47.06	18	12	66.67	50	27	54.00
8	5	1	20.00	11	4	36.36	11	7	63.64	27	12	44.44
9	1	1	100	1	0	0	1	1	100	3	2	66.67
合计	299	79	26.42	279	100	35.84	285	125	43.86	863	304	35.23

表 2.7　不同芽位接穗嫁接成活率的方差分析

变差来源	自由度（f）	离差平方和（SS）	均方（MS）	均方比（F）
接穗芽位	8	8 978.01	1 122.25	17.576**
嫁接时间	2	898.16	449.08	7.033**
误差项	16	1 021.60	63.85	
总计	26	10 897.77		

** 代表差异极显著，$F_{0.01}$（8,16）=3.89，$F_{0.01}$（2,16）=6.23。

组织培养实验表明，顶芽愈伤组织的形成率达 100%，第 3、4、5 级侧芽分别为 30%、80%、40%。可以说，组织越幼嫩，越易形成愈伤组织。但实际嫁接时，顶芽成活率为 0。这可能与顶芽木质化程度低，容易失水有关。因此，从以上研究结果中可以得出，山核桃最佳的嫁接芽位在生长枝的第 4 ～ 7 级侧芽位。

2.4 嫁接时间对山核桃嫁接成活率的影响

表 2.8 中为不同嫁接时间山核桃嫁接成活率数据。从表 2.8 中可以看出，嫁接时间对山核桃嫁接成活率的影响非常明显，因此，山核桃嫁接时对时间的把握十分重要。从对不同嫁接时间生长枝和 1 年生枝成活率的统计结果来看，生长枝和 1 年生枝的嫁接成活率从 4 月中旬至 4 月底、5 月初逐步增高。以生长枝为接穗的山核桃嫁接成活率在 4 月 15 日时仅为 26.42%，但 5 月 2 日时为 83.33%；以 1 年生枝为接穗时，山核桃嫁接成活率在 4 月 16 日时为 55.43%，在 4 月 29 日时为 98.91%（表 2.8）。可见，山核桃嫁接成活率与嫁接时间密切相关，在 4 月底、5 月初嫁接，可显著提高成活率。从表 2.8 中还可以看出，在相同或相近的嫁接时间，以 1 年生枝为接穗的山核桃嫁接成活率明显高于以生长枝为接穗的，但二者的差距在 4 月中旬～5 月初逐步缩小。

表 2.8　不同嫁接时间山核桃嫁接成活率

嫁接时间	生长枝			嫁接时间	1年生枝		
	嫁接株数/株	成活株数/株	成活率/%		嫁接株数/株	成活株数/株	成活率/%
4月15日	299	79	26.42	4月16日	92	51	55.43
4月18日	279	100	35.84	4月18日	59	46	77.97
4月28日	285	125	43.86	4月29日	276	273	98.91
5月2日	90	75	83.33				

温度是一种重要的环境因子，嫁接过程中，温度对愈伤组织发育有显著影响。温度不仅会影响愈伤组织形成的早晚，而且可以影响愈伤组织形成的速度、愈伤组织生长的快慢及接穗萌动的时间。苹果在 0℃ 以下、40℃ 以上愈伤组织形成较少；在 4～32℃，愈伤组织增殖速度直接随温度升高而增加。葡萄嫁接的最适温度为 24～27℃，高于 29℃ 会过度地生出柔弱的愈伤组织。核桃成活率与温度直接相关，当温度低于 20℃ 时，成活率为 20%～30%；低于 15℃ 时很难愈合；而当温度为 27.1℃ 和 26℃ 时，成活率分别为 85.1% 和 87%。核桃愈伤组织形成的最适温度为 22～27℃。

不同嫁接时间山核桃嫁接成活率显著不同，可能与温度变化相关。从 4 月中旬～5 月初，温度逐步升高，嫁接成活率也逐步升高。因此，从嫁接时间与成活率间的关系可以间接推断山核桃嫁接成活率受温度的影响较大。

第3章 山核桃砧木筛选

嫁接是果树栽培中应用广泛的技术之一，种间嫁接在苹果、梨、樱桃、杏、柿、枣、葡萄、猕猴桃和柑橘类水果中广泛应用。种间嫁接在提高果树产量、改善果品品质及提高抗逆性及适应性方面具有重要作用。特别是选用抗逆性强的树种作为砧木进行嫁接，嫁接植株对不良环境的抗逆性显著增加，对环境的适应能力增强，从而使栽培范围扩大。

林业工作者对山核桃嫁接进行了大量研究，如室内切接、室外剥皮接和增温促进愈合等。黄坚钦（2002）和郑炳松等（2002）研究了接穗种类、嫁接时间、激素处理等对山核桃本砧嫁接成活的影响，使山核桃本砧嫁接小试成活率达到80%以上，但规模化生产嫁接成活率仍较低，存在砧木适应性较差、嫁接时间短等问题，严重制约山核桃新品种的规模化繁育和良种化栽培。本章研究不同砧木对山核桃嫁接成活率、砧穗愈合情况、嫁接苗生长情况等的影响，嫁接时间对湖南山核桃砧留床苗嫁接山核桃的影响，以及不同立地条件下不同砧穗组合山核桃嫁接苗造林对比试验，通过造林保存率和树高生长情况等的调查和测定，为山核桃规模化育苗、提高造林成效提供技术储备，加快山核桃良种化进程。

3.1 不同砧木类型对山核桃嫁接成活及其嫁接成活植株生长的影响

以山核桃为接穗，以山核桃、湖南山核桃、薄壳山核桃、大别山山核桃和化香为砧木（均为移栽苗），于晴朗天气采用切接法进行嫁接，研究不同砧木对山核桃嫁接成活的影响。不同砧穗组合嫁接成活率及其嫁接成活植株生长情况见表3.1。结果表明，5个类型的砧木嫁接30d后嫁接成活率存在显著性差异，湖南山核桃、薄壳山核桃和化香砧均有较高的嫁接成活率，且愈合好、生长量大，嫁接成活率分别为92.66%、90.45%和91.86%，嫁接植株当年平均苗高生长量分别为102.34cm、96.68cm和113.52cm，但化香砧在造林中后期亲和性差，普遍表现出"小脚"现象，导致造林后期树苗大量死亡。以大别山山核桃为砧木的成活率最低，仅为63.27%，嫁接成活植株生长量最差，平均苗高62.74cm，粗度为0.65cm。综合考虑嫁接成活率、嫁接成活植株生长情况、抗逆性和砧木成本，湖南山核桃砧是山核桃最适的砧木。

表 3.1 不同砧木类型山核桃嫁接成活率及嫁接成活植株生长情况

| 砧木种类 | 嫁接成活率 /% | 嫁接成活植株生长情况 | | 备注 |
		高度 /cm	粗度 /cm	
山核桃	76.34±5.24 b	68.74±4.32 b	0.62±0.04 b	愈合较好、生长量较小、成本高
湖南山核桃	92.66±6.84 a	102.34±8.74 a	1.10±0.11 a	愈合好、生长量大、成本低
薄壳山核桃	90.45±6.54 a	96.68±6.27 a	1.04±0.12 a	愈合好、生长量大、成本高
大别山山核桃	63.27±5.24 b	62.74±5.08 b	0.65±0.05 b	愈合较好、生长量较小、成本高
化香	91.86±7.34 a	113.52±9.14 a	1.06±0.08 a	愈合好、生长量大、成本低,但后期亲和性差

注:同一列的不同小写字母代表 $P<0.05$ 水平差异显著。

  不同砧木类型(山核桃、湖南山核桃、薄壳山核桃、大别山山核桃和化香)对山核桃嫁接成活率及其嫁接成活植株生长的影响差异极显著。综合嫁接成活率、愈合情况、苗木生长量与粗度及砧木成本,山核桃嫁接以湖南山核桃为砧木嫁接成活率最高。其次是化香砧木,以化香为砧木的嫁接苗前期虽表现出良好的亲和性,但已有研究表明,化香砧嫁接苗后期出现"小脚"现象,造林保存率不高。从解剖构造上看,以化香为砧木的嫁接苗,其切面的形成层能形成,但在分化为木质部时导管的数量明显较少,可能在植物的进一步生长时水分供应不足,导致嫁接植株死亡。

3.2 湖南山核桃砧留床苗不同嫁接时间砧穗含水量及其对嫁接成活率的影响

  以山核桃为接穗,以湖南山核桃为砧木,根据砧木皮层易剥离程度确定于 3 月 24 日、28 日,4 月 1 日、5 日、9 日进行嫁接(自 3 月 24 日起,每间隔 3d 嫁接一次),嫁接方法采用切接法。嫁接时,随机剪取 5 个砧木和 5 个接穗(砧木剪取嫁接口以下 5cm,接穗剪取 3 ~ 4cm 带 1 个健壮芽),用于分析不同嫁接时间砧木、接穗含水量对嫁接成活率的影响。每个处理嫁接 50 株,3 个重复。不同嫁接时间砧穗含水量及其对湖南山核桃砧留床苗嫁接成活率的影响见表 3.2。结果表明,不同时间湖南山核桃砧木和接穗的含水量均没有显著性差异,但山核桃嫁接成活率存在显著性差异。湖南山核桃砧留床苗最佳的嫁接时间为 4 月 1 ~ 5 日(皮层较易剥离至易剥离期间),其中 4 月 5 日嫁接成活率达到 91.43%,嫁接时间过早或过晚,均不利于嫁接苗成活。虽然砧木含水量和接穗含水量均无显著性差异,但砧木皮层的易剥离程度存在较大差异。砧木较难剥离(3 月 28 日前)时嫁接成活率低,可能与砧木形成层细胞刚开始进入分裂活动,不利于嫁接的愈合有关;而砧木极易剥离(4 月 9 日后)时嫁接成活率也较低,这是因为湖南山核桃留床苗砧木根系发达，蒸腾量大，嫁接时的切口使伤流液量大，其在嫁接口富集，不利于砧穗结合部愈伤组织的形成，从而导致嫁接成活率降低。因此，湖南山核桃留床苗嫁接时必须把握好嫁接时间，如当年嫁接苗生长规模大，可以通过断根、移栽和大棚增温等方法调控砧木萌动时间，达到延长嫁接时间的目的，保障生产上较高的嫁接成活率。

表 3.2　不同嫁接时间砧穗含水量及其对湖南山核桃砧留床苗嫁接成活率的影响

嫁接时间	砧木含水量 /%	接穗含水量 /%	嫁接成活率 /%	备注
3 月 24 日	39.05±0.56 a	37.88±0.91 a	42.34±5.34 c	砧木皮层难剥离
3 月 28 日	39.78±0.21 a	37.85±0.81 a	53.62±6.18 b	砧木皮层较难剥离
4 月 1 日	40.63±0.21 a	37.86±0.44 a	85.64±8.72 a	砧木皮层较易剥离
4 月 5 日	40.10±0.27 a	37.79±0.64 a	91.43±8.96 a	砧木皮层易剥离
4 月 9 日	41.52±0.23 a	37.82±0.49 a	62.52±4.67 a	砧木皮层极易剥离

注：同一列的不同小写字母代表 $P<0.05$ 水平差异显著。

3.3　不同立地条件下不同砧穗组合山核桃
嫁接苗造林保存率差异

采用定植穴造林，造林时间为 2007～2010 年的 3 月，2010～2011 年调查的临安区、余杭区、天台县和仙居县 4 个不同立地条件下不同砧穗组合山核桃嫁接苗造林保存率差异见表 3.3。不同砧穗组合山核桃嫁接苗造林保存率在造林后第 2 年开始均趋于稳定；湖南山核桃砧嫁接苗在 4 种不同立地条件下造林，造林保存率均在 90% 以上，立地条件对湖南山核桃造林保存率影响不大，好的立地（临安区横畈林场）保存率高达 97.92%，这与湖南山核桃砧嫁接苗根系发达有关，其根系表现为根幅大，侧根发达（通常根幅 >40cm，侧根数 >5 条），具有发达的须根；此外，湖南山核桃具有较好的抗旱、抗涝性，同时耐瘠薄，定植当年就生长较好，在较好的立地条件下生长量大，在较差的立地条件下也能很好地成活。立地条件对山核桃本砧嫁接苗造林保存率影响极大，保存率最高为 87.50%，最低仅为 14.00%。山核桃本砧嫁接苗根系明显较差，表现为根幅小（通常根幅 <30cm，侧根数 <3 条），须根不发达，且山核桃忌旱忌涝，只有在较好的立地条件下才能生长良好。此外，本砧嫁接苗造林当年和第 1 年受日灼危害严重，危害率达到 80% 以上，而湖南山核桃砧嫁接苗则基本不受日灼危害。

表3.3　不同立地条件下不同砧穗组合山核桃嫁接苗造林保存率

嫁接苗类型	造林地	造林时间/a	苗木总量/株	2010年保存率/%		2011年保存率/%	
				保存率	平均	保存率	平均
山核桃本砧嫁接苗	临安区横畈林场	2009	40	87.50		85.00	
	余杭区鸬鸟镇	2010	50	14.00	81.17±5.64	12.00	78.89±5.36
	天台县街头镇	2007	60	76.67		75.00	
	仙居县天顶林场	2009	300	79.33		76.67	
湖南山核桃砧嫁接苗	临安区横畈林场	2009	120	97.92		97.92	
	余杭区鸬鸟镇	2010	300	91.33	94.63±2.81	90.00	93.78±3.26
	天台县街头镇	2007	320	95.63		94.06	
	仙居县天顶林场	2009	800	93.63		93.13	

注：余杭区鸬鸟镇山核桃本砧嫁接苗造林保存率未纳入平均值统计。

3.4　不同立地条件下不同砧穗组合山核桃嫁接苗造林树高生长量差异

不同砧穗组合山核桃嫁接苗造林后树高年生长情况见表3.4。湖南山核桃砧嫁接苗造林后，生长量明显高于本砧嫁接苗造林。造林前3年，湖南山核桃砧嫁接苗年平均生长量均达到或接近本砧嫁接苗年平均生长量的2倍，此后，二者年生长量趋于接近，但湖南山核桃砧嫁接苗的生长量仍显著高于本砧嫁接苗。

表3.4　不同立地条件下不同砧穗组合山核桃嫁接苗造林后树高年生长情况

嫁接苗类型	造林地	造林时间/a	定干	树高生长量/cm				
				当年	第2年	第3年	第4年	第5年
山核桃本砧嫁接苗	临安区横畈林场	2009	75.0	23.72±3.65	48.55±3.85	88.45±7.62	—	—
	余杭区鸬鸟镇	2010	75.0	9.85±0.78	13.67±1.35	—	—	—
	天台县街头镇	2007	75.0	12.46±1.68	28.36±2.05	35.62±2.67	73.54±5.72	85.62±8.32
	仙居县天顶林场	2009	75.0	18.62±1.64	43.29±3.46	76.62±5.67	—	—
	平均生长量			16.16±6.24	33.47±10.47	66.90±27.72		
湖南山核桃砧嫁接苗	临安区横畈林场	2009	75.0	46.80±3.56	83.65±6.85	124.60±9.56	—	—
	余杭区鸬鸟镇	2010	75.0	13.54±1.26	26.80±1.92	—	—	—
	天台县街头镇	2007	75.0	32.66±2.37	65.45±4.62	86.48±7.62	114.46±9.29	135.80±12.16
	仙居县天顶林场	2009	75.0	38.46±3.06	76.54±5.29	118.27±9.12	—	—
	平均生长量			32.87±14.13	63.11±25.34	109.78±20.43	—	—

注：75.0cm为造林时的定干高度。

在不同的立地条件下造林,湖南山核桃砧嫁接苗造林缓苗期短,栽植后能迅速生根,同时地上部分生长旺盛,当年生长量达到 30cm 以上;在好的立地条件下生长量可以达到 46.80cm,这是山核桃本砧嫁接苗无法达到的。山核桃本砧嫁接苗造林保存率最高仅为 87.50%,造林后具有明显的缓苗期,当年平均生长量仅为 16.16cm,在好的立地条件下也仅为 23.72cm。湖南山核桃砧嫁接苗造林后一般不需补苗,可减少补植苗木费和人工工资,造林成本低,林相整齐。林分提早 3 ～ 5 年郁闭,通常可减少抚育次数,也可降低造林成本;林相从幼林期就比较整齐,防护效果较好,易管理,在造林中值得大力推广。

第4章 山核桃嫁接解剖学研究及 IAA 免疫金定位

嫁接是将异种植物或同种植物的器官、组织或细胞结合在一起，使其相互影响、相互作用发育成一个有机整体。嫁接具有提高繁殖系数、林木复壮、扩大适种范围、提早结实、矮化树体、改良品种、增加观赏价值、保存种质资源、培育抗毒苗及增强抗逆性等优势，在农业、林业、园艺植物生产等方面均有广泛的应用，在生产实践中可产生巨大的经济效益；同时嫁接又是研究植物体内物质运输、病毒侵染途径、信号转导及细胞识别机制、成花机理等基础理论的重要方法和手段，因此嫁接愈合过程相关领域的研究受到普遍关注。

嫁接愈合过程涉及植物学重大理论问题，主要包括细胞的脱分化与再分化、维管形成过程的信号转导等，上述问题与植物激素尤其是生长素密切相关，因此，生长素在嫁接过程中的存在形式、作用机理受到普遍关注。生长素可能通过影响砧木和接穗间维管束桥形成的时间及数量来调控嫁接体的发育，进而影响嫁接成活情况。嫁接植株形成过程中 IAA 的酶联免疫吸附测定（ELISA）定量检测表明，IAA 的含量变化与维管束桥形成、嫁接亲和性密切相关。而生长素主要在分生组织和植物幼嫩部分合成，如茎尖、芽、幼叶和种子。生长素的极性运输使植物出现了明显的极性发育、分化和生长，如植物的顶端优势现象、维管组织发生及向性生长等。嫁接实质上是打破生长素原有的源库关系和极性运输，使砧木失去了生长素的直接来源。因此，在愈伤组织及维管束桥形成时，生长素来自于何处？这是一个重要的科学问题。

嫁接体发育过程中，维管束桥的形成是嫁接成活的关键因素之一（褚怀亮等，2008）。生长素和细胞分裂素在离体茎段嫁接体的发育中起着重要的调控作用，激素配比直接影响着嫁接体维管束分化和发育的模式。迄今尚未见在维管束分化过程中生长素来源及其作用部位的直接细胞学证据。本章以不同阶段山核桃本砧嫁接的砧穗接合部为材料，采用电镜技术观察隔离层的形成、增厚及砧穗初始粘连，愈伤组织的生长与隔离层的解体、消失及砧穗间维管束桥的形成与贯通，维管组织的分化与连接这一愈合过程，并利用免疫电镜技术在超微结构水平上对嫁接面薄壁细胞和愈伤组织细胞生长素的分布进行了免疫化学定位，旨在丰富和完善山核桃本砧嫁接技术及其理论依据，揭示山核桃嫁接过程中内源 IAA 在细胞中的分布及变化，探讨 IAA 在山核桃嫁接愈合过程中发挥作用的机制，为 IAA 调控山核桃嫁接愈合过程的深入研究奠定基础。

4.1　山核桃嫁接愈合过程的解剖学研究

山核桃是我国特有的木本油料树种，具有较高的经济价值。但长期以来山核桃仍处于野生、半野生状态，林内分化明显、种质不纯，经营管理粗放，影响了良种化进程，为此，林业工作者对山核桃无性繁殖嫁接技术进行了大量研究。钱尧林等（1995）提出室内切接和室外剥皮接 2 种嫁接新技术，使山核桃嫁接最佳成活率达 80% 以上，并且提早结果，其中在安徽宣州地区的研究嫁接成活率达 88% 以上。但上述的嫁接都是以同科植物化香为砧木，3 ～ 4 年后保存率仅 17.16%，山核桃本砧嫁接成为一个公认的技术难题。王白坡等（2002）认为，山核桃嫁接成活困难的原因主要包括：①山核桃形成层带很薄，休眠期只有 3 层左右，嫁接时难对准；②适宜嫁接的时间短，只有小叶初展后的 1 周左右，时间较难把握；③山核桃中单宁等酚类物质含量较高，嫁接后隔离层较难突破，影响愈合过程。黄坚钦（2002）和郑炳松等（2002）研究了接穗种类、嫁接时间和激素处理等对山核桃本砧嫁接成活的影响，使 1 年生生长枝为接穗的本砧嫁接成活率达到 90% 以上，取得了突破性进展。在此基础上，本节用光镜和透射电镜观察山核桃嫁接后不同时期砧穗愈合情况的显微和超微结构，在显微和超微结构水平研究山核桃嫁接愈合过程，丰富和完善山核桃本砧嫁接技术，同时为判断其嫁接成活提供解剖学依据。

4.1.1　山核桃嫁接后的显微结构观察

山核桃茎的显微结构从外至内依次为周皮、皮层、韧皮部、形成层、木质部和髓。韧皮部发达，具有丰富的韧皮纤维，与次生韧皮射线呈层状间隔分布；木质部的木纤维发达，导管丰富；射线细胞多数为单列或 2 列；形成层带很薄，在休眠期仅具有 3 层细胞左右，呈砖块状紧密排列。山核桃嫁接及取样示意图见图 4.1。

   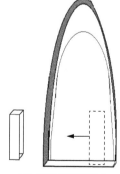

（a）嫁接植株　　　　（b）砧木　　　　（c）接穗　　　（d）砧穗嫁接面薄片

图 4.1　山核桃嫁接及取样示意图

山核桃嫁接愈合过程中最开始的阶段是隔离层的消长变化。隔离层是由切削面上因嫁接刀切割受伤致死的细胞挤压而成的，经过了形成、加厚、解体和消失的过程。随着愈伤组织的不断形成与分化，维管束桥形成并贯通，维管组织分化并连接，砧穗结合成一个有机整体。

1．隔离层的形成、加厚及砧穗初始粘连

嫁接后第 0～3d，切面内部细胞形态变化不大，接穗和砧木的切削面均可看到染色较深的 1 个薄层，即隔离层 [图 4.2（a）]，砧木的隔离层形成较快，接穗的隔离层的形成先慢后快。此后，二者趋于同步变化，隔离层逐渐增厚，至嫁接后第 6d，砧木和接穗的形成层带均已开始明显活动，径向细胞层数增加到 5～6 层，切口处部分形成层细胞明显膨大 [图 4.2（b）]，砧穗轻度粘连。

2．愈伤组织的生长与隔离层的解体、消失

嫁接后第 7d 开始，砧木和接穗切口处及以内形成层带的细胞分裂旺盛，细胞膨大，失去原有砖块状的形态特征，呈现多边形或近圆形，向外突起形成愈伤组织群，削面明显隆起，削面内侧附近形成层带径向细胞仅 3～4 层 [图 4.2（c）]。此后，砧木和接穗形成层带愈伤组织大量分裂增生，普遍增大，径向细胞增加到 8～10 层，部分愈伤组织细胞已经突破隔离层。削面邻近形成层的少数韧皮薄壁细胞体积增大。嫁接后第 12d，砧木和接穗形成层带已形成大量的愈伤组织细胞，削面外侧与空气接触的愈伤组织细胞体积明显较大，沿着与削面垂直的方向分化 [图 4.2（d）]。

3．砧穗间维管束桥的形成与贯通

14d 以后，形成层愈伤组织细胞继续分裂增生，形成活跃的分裂细胞团，并有一定的分裂方向，显示维管束桥的迹象，砧木和接穗接触更加紧密。同时削面皮层薄壁组织细胞进行旺盛的平周和垂周分裂，形成具有不规则形状和排列方式的愈伤组织细胞 [图 4.2（e）和（f）]。此后，皮层和韧皮部削面近内侧的愈伤组织细胞逐渐形成与削面垂直的有序排列。至嫁接后第 23d，形成层、韧皮部、皮层区域紧密结合，可见砧穗维管束桥已经形成并有初步贯通 [图 4.2（g）]。

4．砧穗间维管组织的分化与连接

新的维管形成层分化形成，并向外形成韧皮部，向内形成木质部，至嫁接后 40d 左右，砧、穗完全结合成一体 [图 4.2（h）]，愈合过程基本结束。

4.1.2 山核桃嫁接后的超微结构观察

山核桃嫁接后，接穗与砧木的切面及附近细胞均表现出强烈的愈伤反应。嫁接面两侧受损伤的细胞由于受到创伤的直接刺激，愈伤反应活跃，发生一系列变化。

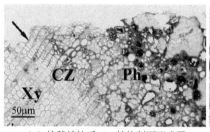
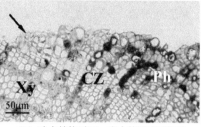

（a）接穗嫁接后1d，嫁接削面形成层
区域可见一薄层（箭头）

（b）砧木嫁接后6d，膨大的形成层细胞
及增厚的隔离层（箭头）

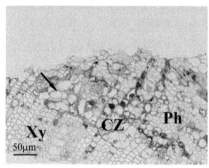
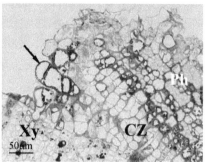

（c）接穗嫁接后7d，形成层带细胞旺盛分裂，
部分细胞突破隔离层（箭头）

（d）接穗嫁接后12d，大量愈伤组织细胞
沿着与削面垂直的方向分化（箭头）

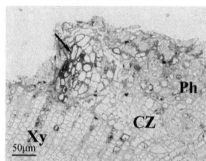
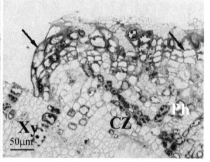

（e）接穗嫁接后16d，愈伤组织细胞继续
分裂增生，形成分生细胞团（箭头）

（f）砧木嫁接后16d，形成层带及韧皮薄壁
处分化大量愈伤组织细胞（箭头）

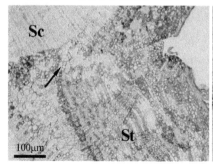
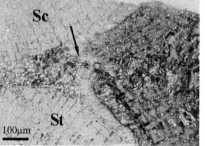

（g）嫁接后23d接合部，维管束桥（箭头）

（h）嫁接后40d接合部，维管形成层（箭头）

图 4.2　砧木和接穗嫁接面横切显微结构观察

CZ 形成层带；Ph 韧皮部；Sc 接穗；St 砧木；Xy 木质部

1. 隔离层的形成、增厚及砧穗初始粘连

嫁接前的形成层细胞形态规则，胞质较稀薄，内含大量小液泡，射线原始细胞中储藏丰富的蛋白质类物质 [图 4.3（a）]。嫁接后前 3d，切面细胞因切割破损，形成层切口 1～3 列细胞受到直接创伤刺激，细胞原生质体逐渐降解或缺失，部分细胞壁破裂，残留的细胞物质挤压形成隔离层 [图 4.3（b）]。外侧细胞的胞间连丝也随着原生质体的降解逐渐关闭和阻断 [图 4.3（d）]。削面破碎的木射线中大量的淀粉颗粒释放出来 [图 4.3（zf）]，第 3～4 列形成层细胞也有显著变化，线粒体显著增加 [图 4.3（u）]，相邻细胞间解体的絮状原生质通过破裂的细胞壁相互融合 [图 4.3（f）]。第 4～5 列形成层细胞形态良好，细胞质浓厚，分布数个小液泡，含有大量淀粉质体、线粒体、内质网及高尔基体等细胞器，呈现活跃的生活状态 [图 4.3（v）]，韧皮薄壁细胞质浓，淀粉质体丰富 [图 4.3（zh）]。近韧皮部的形成层带细胞可见多泡体等膜状结构，多出现在胞间连丝附近，液泡中含有髓鞘样膜状结构 [图 4.3（p）]，这是由膜的过度发生形成的结构。内层的形成层带细胞壁上含有质膜内折形成的壁旁体 [图 4.3（q）]，射线原始细胞中质体大量增加，并富含淀粉粒 [图 4.3（zg）]。同时高尔基体也有显著增加，且呈现活跃的囊泡分泌活动 [图 4.3（w）]。

2. 愈伤组织的生长与隔离层的解体、消失

嫁接后 7d，嫁接面第 2～3 列形成层细胞全部坏死，残留的原生质体明显减少，并与挤靠在一起的细胞壁一同构成较薄的隔离层。与隔离层毗邻的细胞仅含少量原生质，并被中央大液泡挤向壁周分布 [图 4.3（c）]。隔离层内 3～4 列的细胞局部发生细胞壁破裂，胞质解体并发生穿壁运动 [图 4.3（g）]，韧皮削面形成的愈伤组织细胞有次生胞间连丝产生 [图 4.3（e）]，次生胞间连丝是指在不分裂的细胞壁上产生的胞间连丝。韧皮削面有新形成的愈伤组织细胞，可见筛分子的分化 [图 4.3（m）]。第 4～5 列细胞的胞间连丝间进行活跃的物质转换与运输 [图 4.3（z）]。第 7～8 列形成层带射线原始细胞液泡增大并将胞质分开，线粒体、质体等细胞器围绕细胞核周边分布 [图 4.3（y）和（zi）]。内侧形成层带细胞胞间连丝发达，附近多有转运小泡、多泡体等 [图 4.3（r）]，大量的线粒体和质体沿核周分布 [图 4.3（za）]。部分形成层带细胞膨大十分明显，挤毁周边数个细胞 [图 4.3（zb）]。嫁接后 9d，接穗形成层射线细胞中的囊泡分泌活动活跃 [图 4.3（x）]。

嫁接后 10～12d，嫁接面部分愈伤组织细胞大量发生，体积增大，高度液泡化，排列无明显规则 [图 4.3（j）]，基本冲破隔离层，部分愈伤组织细胞壁破裂，解体的细胞质穿壁 [图 4.3（h）]。嫁接面内侧第 4～8 列愈伤组织细胞显著膨大并液泡化，质膜、胞间连丝附近可见大量膜状结构，呈小囊泡或多泡体结构 [图 4.3（s）]，形成层带细胞壁薄，胞质浓厚，线粒体、高尔基体和淀粉质体可见 [图 4.3（zc）]，韧皮部已有筛分子分化 [图 4.3（n）]。

3. 砧穗间维管束桥的分化与贯通

至嫁接 14d 以后，韧皮部嫁接面愈伤组织大量发生，已突破隔离层，并与削面呈垂直方向排列，内部细胞原生质紧贴胞壁成一薄层，可见淀粉质体和少量其他细胞器 [图 4.3（k）]。嫁接面切口 3 ~ 8 列细胞高度液泡化，中央大液泡由原生质丝分隔，电子致密的内含物减少，细胞质内含有大量线粒体及少量质体和内质网 [图 4.3（zd）]，靠近质膜可见多泡体结构 [图 4.3（t）]。

至嫁接后 16d，嫁接面以内 3 至多列形成层细胞，细胞壁很薄且多处断裂，多个细胞之间絮状的原生质体相互凝聚，细胞融合现象依然可见 [图 4.3（i）]。愈伤组织细胞排列较为整齐 [图 4.3（l）]。已有管状分子的分化 [图 4.3（o）]，内部形成层细胞结构较完整，细胞质浓密，含有较多的质体、线粒体等细胞器 [图 4.3（ze）]。

4. 砧穗间维管组织的分化与连接

砧穗完全愈合后嫁接面愈伤组织细胞中仍有细胞质穿壁现象，甚至是多个细胞之间相互转运和胞质交换等 [图 4.3（zj）]。

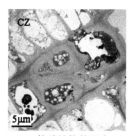 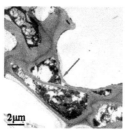 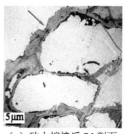 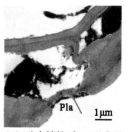

| （a）接穗嫁接前形成层带细胞 | （b）接穗嫁接后 3d 形成层带细胞，箭头示隔离层 | （c）砧木嫁接后 7d 削面韧皮部，箭头示隔离层 | （d）砧木嫁接后 3d 形成层带细胞近韧皮部细胞，箭头示胞间连丝关闭 |

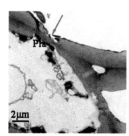 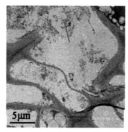 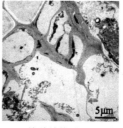 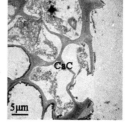

| （e）接穗嫁接后 7d 削面韧皮部细胞，箭头示韧皮部次生胞间连丝 | （f）砧木嫁接后 3d 形成层细胞，细胞质解体，局部细胞壁破裂，原生质穿壁（箭头） | （g）接穗嫁接后 7d 形成层带细胞，细胞质解体，局部细胞壁破裂，原生质穿壁（箭头） | （h）砧木嫁接后 10d 削面形成层细胞，细胞解体，融合（箭头） |

图 4.3 砧木和接穗嫁接面横切超微结构观察

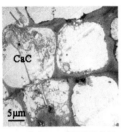

（i）砧木 16d 削面形成层细胞，胞质穿壁（箭头）

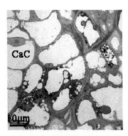

（j）砧木嫁接后 12d 形成层带愈伤组织细胞

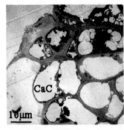

（k）接穗嫁接后 14d 形成层削面愈伤组织

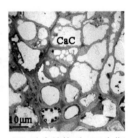

（l）砧木嫁接后 16d 愈伤组织细胞

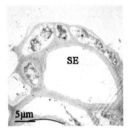

（m）接穗嫁接后 7d 韧皮削面愈伤组织细胞，示分化的筛管分子

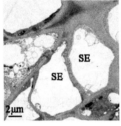

（n）接穗嫁接后 12d 韧皮部愈伤组织细胞，分化的筛管分子

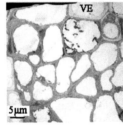

（o）接穗嫁接后 16d 形成层细胞，示管状分子

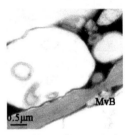

（p）接穗嫁接后 3d 韧皮薄壁细胞，示液泡中的髓鞘样膜结构及壁旁体

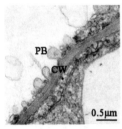

（q）接穗嫁接后 3d 形成层带细胞，质膜内折形成壁旁体

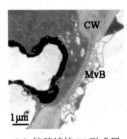

（r）接穗嫁接 7d 形成层带细胞，近韧皮部，多泡体，胞间连丝

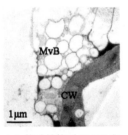

（s）接穗嫁接后 10d 形成层带细胞，多泡体

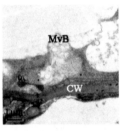

（t）接穗嫁接后 14d 形成层带细胞，示多泡体

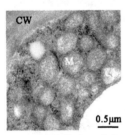

（u）砧木嫁接后 1d 形成层带细胞，线粒体丰富

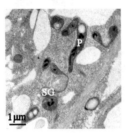

（v）砧木嫁接后 3d 形成层带细胞，示质体、高尔基体、线粒体

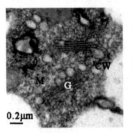

（w）砧木嫁接后 4d 韧皮薄壁细胞，示高尔基体

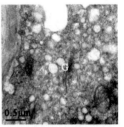

（x）接穗嫁接后 9d 形成层射线细胞，示高尔基体及其囊泡

图 4.3（续）

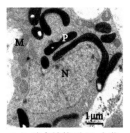

（y）砧木嫁接后 7d 木薄壁细胞，示质体

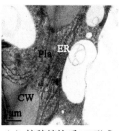

（z）接穗嫁接后 7d 形成层带射线细胞，示胞间连丝

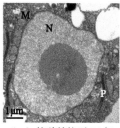

（za）接穗嫁接后 7d 韧皮薄壁细胞，示线粒体、质体

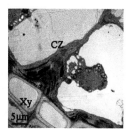

（zb）接穗嫁接后 9d 形成层带细胞，形成层细胞膨大显著，挤毁周边细胞

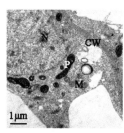

（zc）接穗嫁接后 12d 形成层带愈伤组织细胞，质浓，示高尔基体、质体、线粒体

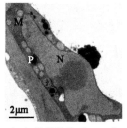

（zd）接穗嫁接后 14d 形成层带细胞，示线粒体

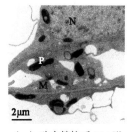

（ze）砧木嫁接后 16d 形成层带细胞，示质体、线粒体

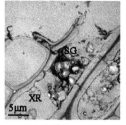

（zf）砧木嫁接后 3d 削面木射线细胞，示淀粉粒

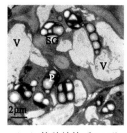

（zg）接穗嫁接后 3d 形成层带射线细胞，质体、淀粉粒丰富

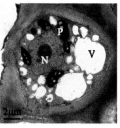

（zh）接穗嫁接后 3d 韧皮薄壁细胞，质浓，细胞器丰富

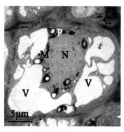

（zi）砧木嫁接后 7d 形成层带射线细胞，质浓，细胞器丰富

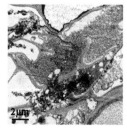

（zj）嫁接后 29d 砧穗愈合处的愈伤组织细胞之间多处细胞壁破裂，细胞质穿壁融合

图 4.3（续）

CaC：愈伤组织细胞；CW：细胞壁；CZ：形成层带；ER：内质网；G：高尔基体；M：线粒体；MvB：多泡体；N：细胞核；P：质体；PB：壁旁体；Pla：胞间连丝；SE：筛分子；SG：淀粉粒；VE：管状分子；V：液泡；XR：木射线细胞；Xy：木质部

4.2　山核桃嫁接愈合过程的 IAA 免疫金定位

生长素是调控植物生长发育的主要激素之一。生长素参与植物生长和发育的诸多过程，如根和茎的发育和生长、器官的衰老、维管束组织的形成和分化发育，以及植

物的向地和向光反应等，因此研究生长素的作用机制对深入认识植物生长发育的许多生理过程有重要意义。随着现代技术的快速发展，对生长素的认识越来越深入。IAA是存在于植物体内生长素的最主要形式。

嫁接是重要的无性繁殖手段，嫁接体的发育是植物体生殖发育的重要过程，嫁接愈合过程涉及砧穗愈伤反应、愈伤组织启动分化、维管束桥的形成和维管束分化等重要步骤，离体试验证实 IAA 在愈伤组织诱导和维管束分化中发挥重要作用。因此，IAA 在嫁接中作用极其重要，研究 IAA 在嫁接愈合过程中存在方式的转变、作用机制显得尤为重要。细胞生物学和免疫学的发展使激素在植物体内的原位分析成为可能。本节正是抓住这些问题的结合点，以山核桃为材料，利用 IAA 的单克隆抗体，结合免疫胶体金电镜技术对 IAA 进行亚细胞定位（图 4.4～图 4.9），旨在揭示内源 IAA 在山核桃嫁接过程中的分布部位及变化特点，探讨 IAA 在山核桃嫁接愈合过程中发挥作用的机制，为 IAA 调控山核桃嫁接愈合过程的深入研究奠定基础。

4.2.1 标记特异性对照

标记特异性的阴性对照，分别取嫁接后第 6d、7d 接穗材料，按照设计进行 IAA 免疫金定位观察，正常操作时，代表 IAA 信号的免疫胶体金颗粒（金颗粒）很多，主要集中在砧穗质体的淀粉粒上，而省去一抗步骤后，在砧穗质体的淀粉粒上金颗粒均极少，基本可以忽略，说明 IAA 的免疫反应特异性强，见图 4.4（e）和（f）及图 4.5（e）和（f）。

4.2.2 砧木接合部 IAA 的变化

1. 砧木木薄壁细胞

2007 年 4 月 20 日嫁接时，2 年实生砧木的木射线细胞中积累了大量的淀粉等有机物质。由电镜观察可知，木射线含有大量淀粉粒，代表 IAA 信号的金颗粒在淀粉粒上被大量检测到［图 4.6（a）］，其次在细胞壁上［图 4.6（b）］。此后淀粉粒上的 IAA 信号逐渐减弱，至第 3d 最弱［图 4.6（c）］，之后开始增加，到第 7d 最强［图 4.6（d）］，9d 后略有减弱并维持在一定水平［图 4.6（e）和（f）］。

2. 砧木形成层带细胞

砧木中 IAA 在形成层带细胞中的分布较为广泛，在细胞壁、脂滴［图 4.7（a）和（b）］、高尔基体、线粒体、细胞核、胞基质［图 4.7（f）～（h）］、膜状体［图 4.7（c）］，以及淀粉粒上［图 4.7（b）、（d）、（e）和（i）］均有少量分布，以射线母细胞中淀粉粒上 IAA 信号最强。嫁接后 1d 射线母细胞淀粉粒上的 IAA 含量最少［图 4.7（e）］，4d 略有回升，7d 最多［图 4.7（j）和（k）］，下降至一定水平后保持稳定［图 4.7（m）］。嫁接后 26d 的形成层愈伤组织细胞的细胞壁仍可检测到较多的金颗粒［图 4.7（n）］。

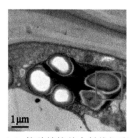

（a）接穗嫁接前木射线细胞

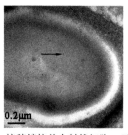

（b）接穗嫁接前木射线细胞，示淀粉粒上的金颗粒，图（a）局部放大

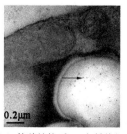

（c）接穗嫁接后 4d 木射线细胞，示淀粉粒上的金颗粒

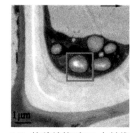

（d）接穗嫁接后 7d 木射线细胞

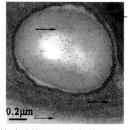

（e）接穗嫁接后 7d 木射线细胞，示淀粉粒上的金颗粒，图（d）局部放大

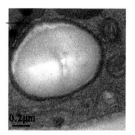

（f）接穗嫁接后 7d 木射线细胞，淀粉粒上无金颗粒

图 4.4　接穗木薄壁细胞免疫金定位结果

箭头示 IAA 信号的金颗粒

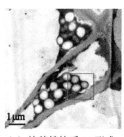

（a）接穗嫁接后 4d 形成层带射线细胞

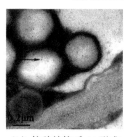

（b）接穗嫁接后 4d 形成层带射线细胞，示淀粉粒和脂滴上的金颗粒，图（a）局部放大

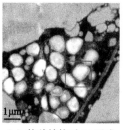

（c）接穗嫁接后 6d 形成层带射线细胞

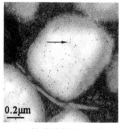

（d）接穗嫁接后 6d 形成层带射线细胞，示淀粉粒上的金颗粒，图（c）局部放大

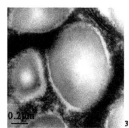

（e）接穗嫁接后 6d 形成层带射线细胞，不加一抗的对照，淀粉粒上无金颗粒

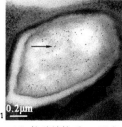

（f）接穗嫁接后 7d 形成层带射线细胞，示淀粉粒上的金颗粒

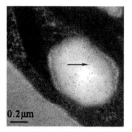

（g）接穗嫁接后 7d 形成层带射线细胞，近韧皮部，示淀粉粒上的金颗粒

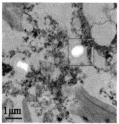

（h）接穗嫁接后 7d 形成层削面细胞，胞质穿壁，示释放的淀粉粒

图 4.5　接穗形成层带细胞免疫金定位结果

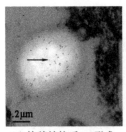
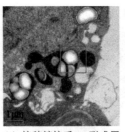
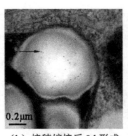
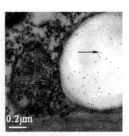

（i）接穗嫁接后 7d 形成层削面细胞，胞质穿壁，示释放的淀粉粒上的金颗粒，图（h）局部放大

（j）接穗嫁接后 9d 形成层带射线细胞

（k）接穗嫁接后 9d 形成层带射线细胞，示淀粉粒上的金颗粒，图（j）局部放大

（l）接穗嫁接后 18d 形成层细胞，示淀粉粒上的金颗粒

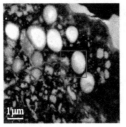
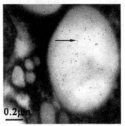

（m）接穗嫁接后 18d 削面愈伤组织细胞

（n）接穗嫁接后 18d 削面愈伤组织细胞，示淀粉粒上的金颗粒，图（m）局部放大

图 4.5（续）

箭头示 IAA 信号的金颗粒

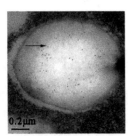
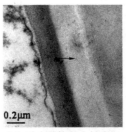
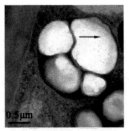

（a）砧木嫁接前木射线细胞，示淀粉粒上的金颗粒

（b）砧木嫁接前木射线细胞，示细胞壁上的金颗粒

（c）砧木嫁接后 3d 木射线细胞，示淀粉粒上的金颗粒

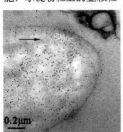
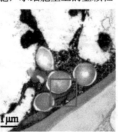
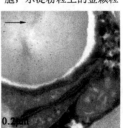

（d）砧木嫁接后 7d 木射线细胞，示淀粉粒上的金颗粒

（e）砧木嫁接后 9d 木射线细胞

（f）砧木嫁接后 9d 木射线细胞，示淀粉粒上的金颗粒，图（e）局部放大

图 4.6 砧木木薄壁细胞免疫金定位结果

箭头示 IAA 信号的金颗粒

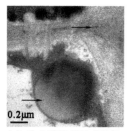

（a）砧木嫁接前形成层细胞，示脂滴、细胞壁上的金颗粒

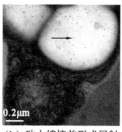

（b）砧木嫁接前形成层射线细胞，示淀粉粒上的金颗粒

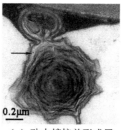

（c）砧木嫁接前形成层射带细胞，示膜状体上的金颗粒

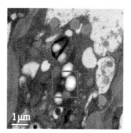

（d）砧木嫁接后 1d 形成层射线细胞，示淀粉粒上的金颗粒

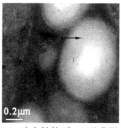

（e）砧木嫁接后 1d 形成层射线细胞，示淀粉粒上的金颗粒，图（d）局部放大

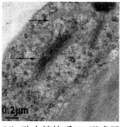

（f）砧木嫁接后 3d 形成层细胞，示高尔基体和基质中的金颗粒

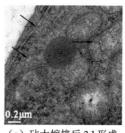

（g）砧木嫁接后 3d 形成层细胞，示线粒体、内质网上的金颗粒

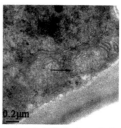

（h）砧木嫁接后 3d 形成层细胞，示线粒体、细胞核上的金颗粒

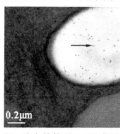

（i）砧木嫁接后 4d 形成层射线细胞，示淀粉粒上的金颗粒

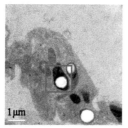

（j）砧木嫁接后 7d 形成层射线细胞

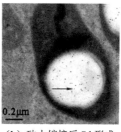

（k）砧木嫁接后 7d 形成层射线细胞，示淀粉粒上的金颗粒，图（j）局部放大

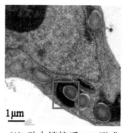

（l）砧木嫁接后 16d 形成层近韧皮部细胞，示淀粉粒上的金颗粒

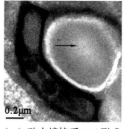

（m）砧木嫁接后 16d 形成层近韧皮部细胞，示淀粉粒上的金颗粒，图（l）局部放大

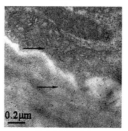

（n）砧木嫁接后 26d 形成愈伤组织细胞，示细胞壁上的金颗粒

图 4.7　砧木形成层带细胞免疫金定位结果

箭头示 IAA 信号的金颗粒

3．砧木韧皮薄壁细胞

IAA 主要分布在砧木韧皮部的筛分子［图 4.8（a）和（b）］、韧皮射线等薄壁组织细胞的淀粉粒、细胞壁及线粒体上。4d、6d、7d 和 9d IAA 含量一直保持在一个相对砧木木薄壁细胞和形成层带细胞而言较高的水平，而以 7d 削面附近最高［图 4.8（g）］离削面较远［图 4.8（e）］的韧皮薄壁细胞中较低［图 4.8（e）］。削面新形成的愈伤组织细胞中，质体分化程度不高，合成的淀粉粒少，其上代表 IAA 分布的金颗粒也较少［图 4.8（k）和（l）］。

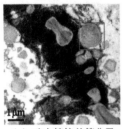
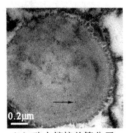

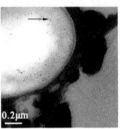

（a）砧木嫁接前筛分子　（b）砧木嫁接前筛分子，示淀粉粒上的金颗粒，图（a）局部放大　（c）砧木嫁接后 4d 韧皮射线细胞，示淀粉粒上的金颗粒　（d）砧木嫁接后 6d 韧皮射线细胞，示淀粉粒上的金颗粒

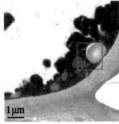
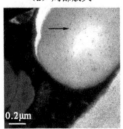
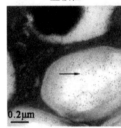
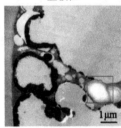

（e）砧木嫁接后 7d 韧皮射线细胞　（f）砧木嫁接后 7d 韧皮射线细胞，示淀粉粒上的金颗粒，图（e）局部放大　（g）砧木嫁接后 7d 韧皮射线细胞，示淀粉粒上的金颗粒　（h）砧木嫁接后 9d 韧皮射线细胞

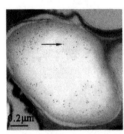
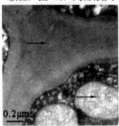
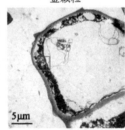
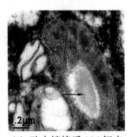

（i）砧木嫁接后 9d 韧皮射线细胞，示淀粉粒上的金颗粒，图（h）局部放大　（j）砧木嫁接后 18d 韧皮薄壁细胞，示细胞壁上的金颗粒　（k）砧木嫁接后 18d 韧皮削面愈伤组织细胞　（l）砧木嫁接后 18d 韧皮削面愈伤组织细胞，示淀粉粒上的金颗粒，图（k）局部放大

图 4.8　砧木韧皮部薄壁细胞免疫金定位结果

箭头示 IAA 信号的金颗粒

4.2.3　接穗接合部 IAA 的变化

1．接穗木薄壁细胞

接穗中 IAA 在木薄壁组织细胞中的位置主要在淀粉粒上［图 4.5（a）～（c）］，少量在内质网和质膜上可检测到。IAA 含量在嫁接前后基本保持稳定，在第 7d 略高［图 4.5（d）和（e）］。

2．接穗形成层带细胞

接穗形成层带细胞中 IAA 主要分布在质体淀粉粒上，其含量较为稳定。由图 4.5（c）～（n）可以看出，嫁接后 6d、7d、9d 和 18d，接穗形成层带细胞中质体淀粉粒上的 IAA 含量波动不大，基本保持在一个较为稳定的水平。图 4.5（h）和（i）是接穗嫁接后 9d 形成层削面愈伤组织细胞的横切面图，可见 2 个细胞之间部分细胞壁破裂，细胞质解体呈絮状，并有穿壁运动。解体的质体释放出淀粉粒，在淀粉粒上可检测到一定量的 IAA 信号。

3．接穗韧皮薄壁细胞

嫁接前接穗韧皮薄壁细胞中 IAA 含量较少，少量分布在质体淀粉粒上［图 4.9（a）］，嫁接后增长缓慢，至嫁接后 6d 和 7d 相对较高［图 4.9（b）～（d）］。之后又有所减弱并维持在一定水平［图 4.9（e）和（f）］。

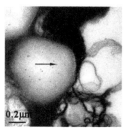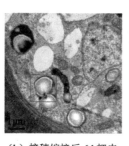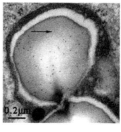

| （a）接穗嫁接前韧皮射线细胞，示淀粉粒上的金颗粒 | （b）接穗嫁接后 6d 韧皮薄壁细胞 | （c）接穗嫁接后 6d 韧皮薄壁细胞，示淀粉粒上的金颗粒，图（b）局部放大 | （d）接穗嫁接后 7d 韧皮射线细胞，示淀粉粒上的金颗粒 |

图 4.9　接穗韧皮部薄壁细胞免疫金定位结果

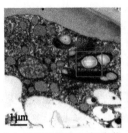

（e）接穗嫁接后 9d 韧皮薄
壁细胞，示淀粉粒上的金
颗粒

（f）接穗嫁接后 9d 韧皮薄
壁细胞，示淀粉粒上的金
颗粒，图（e）局部放大

图 4.9（续）

箭头示 IAA 信号的金颗粒

4.2.4 IAA 在山核桃嫁接愈合过程中作用的探讨

1. 嫁接愈合过程中 IAA 的来源

IAA 的合成途径主要有色胺（TAM）途径和吲哚丙酮酸（IpyA）途径，最后合成 IAA；还有一条是由吲哚乙醛肟（indole-3-acetaldoxime）经中间产物吲哚乙腈（IAN）合成 IAA 的途径。高等植物中都含有与上述合成系统有关的酶系，如加入中间产物，很快即转变成 IAA。生长素的代谢包括生长素结合物的形成、转化形成 IBA 和氧化分解等过程。生长素合成和代谢之间的平衡是特定细胞中游离态生长素水平的主要决定因素。结合山核桃嫁接时砧木、接穗的具体情况，生长素合成和代谢途径及免疫金标记的结果，不难看出，游离生长素是由储存在质体淀粉中的束缚态生长素经由创伤反应启动的链式反应释放的。此后高浓度的游离生长素有利于愈伤组织的大量形成，再之后，可能是砧穗的生理生化指标的梯度（可能主要是生长素的梯度）刺激愈伤组织向维管组织分化，并最终形成维管束桥。

2. IAA 与维管束桥形成和维管组织分化的关系

山核桃嫁接时，砧木已萌动（小叶展开），而接穗尚处于休眠（冷藏）状态，砧木处于活动期。嫁接剪砧后，砧木负责 IAA 极性运输的维管束被切断，而生长素极性运输主要是以束缚态的形式（酰胺结合物、氨基酸、多肽和脂结合物）运输，此时剪砧处游离 IAA 含量很少，但砧木形成层已处于比较活跃的分裂期；接穗削取后，接穗仍处于休眠状态，体内生长素也主要以束缚态形式存在，接穗形成层尚处于休眠期，因此，嫁接时，接穗游离生长素含量处于相当低的水平。嫁接后，砧木切面受伤活细胞迅速产生隔离层，接穗随温度的回升，在创伤应激 IAA 的影响下，开始在结合部位产生隔离层。启动除形成层以外细胞的分裂，需要较高浓度的游离 IAA，表现为嫁接后第 7d，砧木和接穗薄壁细胞质体内的淀粉粒中含有大量金颗粒。黄坚钦（2002）采用酶联免疫吸附测定了山核桃嫁接愈合过程中 IAA 的含量变化，发现接穗第 6d 内源生长素（IAA）形成了高峰值。随后形成层细胞改变了砖块状的形态，细胞膨大，形成层形成了喇叭口状结构，进一步发育形成愈伤组织。本节结论与此基本一致。卢善发等（1995）测得番茄同种异株嫁接后，嫁接面 IAA 含量变化显著，而嫁接面上下部位 IAA 含量相对稳定。嫁接后第 8d 砧木 IAA 含量变化显著，接穗的变化与砧木相似，第 8d 同样出现 IAA 含量的高峰。植物体嫁接在组织学变化上，这一时间正是维管束桥形成的时期。由此可见，砧木和接穗 IAA 含量的变化具有协同性，高峰值的出现与维管束桥的形成有关。嫁接体发育初期接合部 IAA 含量随时间延长而增加，高水平的生长素对维管束桥分化是必需的。嫁接后期，即使生长素水平较高，维管束桥也难以形成。

3. 嫁接愈合过程 IAA 的响应

植物对生长素的响应很复杂。生长素可以直接作用于细胞膜或胞内组分而影响一些细胞反应（如细胞扩大和极性形成等）。生长素也可以间接调控基因表达，基因产物参与许多与发育相关的过程。生长素信号转导包括信号识别和下游生长素相关基因的表达，以及最终表现出生理反应。最近，有人用突变技术和分子生物学方法分析鉴定了与生长素信号转导相关的 3 类主要蛋白组分，即生长素 / 吲哚乙酸蛋白（auxin/indoleacetic acid proteins，Aux/IAAs）、生长素响应因子（auxin response factors，ARFs）和 SCF 复合体。

生长素不仅可以通过细胞膜而自由扩散，还可以在植物体内表现出极性运输。生长素结合蛋白（auxin-binding proteins，ABP）通过生长素调节过程中的信号转导途径，参与生长素调节的植物生长发育过程。ABP 包括 ABP-I（位于内质网膜上）、ABP-II（可能位于液泡膜上）、ABP-III（位于质膜上）及生长素运输抑制剂 NPA 结合蛋白（位于质膜上）4 类，在植物细胞内广泛分布。ABP 在植物体内的分布与植物的生长部位有关。

参与 IAA 运输的蛋白主要有 3 类：AUX/LAX 家族（auxin resistant 1/like AUX1）、PIN 家族（pin-formed efflux carrier）和 ABC（ATP-binding cassette B）蛋白。一些生长素运输调控因子诸如 PIN 蛋白与生长素的极性运输有关。

一般认为，生长素合成中心在细胞分裂旺盛的地方，如根尖、茎尖和幼叶等，短距离为极性运输。但切接后，切断了生长素茎尖的来源，生长素在哪个部位合成呢？生长素的合成亚结构部位至今没有明确。IAA 免疫金的定位可以确定山核桃嫁接过程中质体是生长素主要的"库"。一方面，质体可能是 IAA 与葡萄糖、氨基酸等结合形成 IAA 酯、IAA 酰胺以束缚态形式存在的主要场所，代谢中的淀粉存在一些游离基团，这些游离基团与 IAA 的结合作用有关，在游离 IAA 和束缚 IAA 的平衡被破坏或者植物受创伤等信号转导时释放出来。另一方面，质体可能是生长素的合成部位，曾报道在病原菌的质体内存在生长素合成酶基因，这意味着质体可能是合成生长素的部位。研究人员发现豌豆组织内 IAA 主要在质体中合成，D-色氨酸是 IAA 的前体，从 L-色氨酸到 D-色氨酸，再合成 IAA 需要外消旋酶和 D-氨基转移酶。在山核桃免疫金标记试验中，研究人员在电镜下看到质体内存在蛋白结晶，这很可能是一种酶，进一步测定这种酶可能有助于确定质体是否是 IAA 的合成部位。此外，未在质体膜上发现大量的金颗粒，因此质体内游离 IAA 的运输也值得深入研究。

第5章 山核桃嫁接生理生化变化分析

植物嫁接受很多因子的影响，除了外部环境因子，砧木和接穗本身的生理状况也是重要的影响因子。郭怀斌（1995）研究表明，砧木和接穗的生活能力对愈伤组织的形成至关重要。细弱枝愈伤组织生长量小，成活率低。山核桃不同接穗、不同接芽部位和不同嫁接时间都会对嫁接成活产生很大影响。为此，有必要对山核桃嫁接的内部生理生化因子进行分析。

5.1 山核桃不同穗条生理生化因子变化

山核桃砧木为1年生实生苗，接穗为结果树的生长枝（一年生枝）、结果枝和徒长枝，以生长枝研究为主，嫁接方式为切接。采穗和嫁接均在3个不同的时间点进行，采穗时间为2000年12月28日、2001年2月5日和2001年3月6日，嫁接时间分别为2001年4月1日、4月12日和4月23日。穗条经0～5℃的低温储藏。采嫁接后1～7d、9d、11d、13d、15d、20d、25d、30d、40d和50d的嫁接茎段作为实验样本，取样时间为上午9:00左右。不同穗条对山核桃嫁接有极显著的影响。1年生枝成活率最高，徒长枝次之，结果枝较差。山核桃不同穗条生理生化因子测定值见表5.1。

表 5.1 山核桃不同穗条生理生化因子测定值

穗条种类	嫁接时间	总含水量	自由水含量	束缚水含量	可溶性糖含量	单宁含量	多酚氧化酶活性	过氧化物酶活性	成活率
	4月1日	50.52	37.83	12.69	6.56	0.840 3	1.259 9	2.60	86.11
1年生枝	4月12日	46.76	24.6	22.16	6.96	0.500 2	1.216 1	3.80	55.00
	4月23日	46.42	22.96	23.47	6.40	1.791 6	1.307 9	2.24	5.00
	平均	47.90	28.46	19.44	6.64	1.044 0	1.261 3	2.88	48.70
	4月1日	48.90	3.64	45.26	7.00	1.628 2	1.157 7	5.51	—
徒长枝	4月12日	50.14	25.65	24.49	3.92	1.032 6	0.880 9	2.49	—
	4月23日	48.55	24.86	23.69	2.77	1.156 9	0.424 6	1.70	—
	平均	49.20	18.05	31.15	4.56	1.272 6	0.821 1	3.23	—

续表

穗条种类	嫁接时间	总含水量	自由水含量	束缚水含量	可溶性糖含量	单宁含量	多酚氧化酶活性	过氧化物酶活性	成活率
结果枝	4月1日	46.90	9.53	37.37	4.89	1.371 9	1.805 0	5.30	0
	4月12日	47.64	25.03	22.61	4.42	1.518 2	0.661 7	3.59	5.26
	4月23日	49.09	35.42	13.67	2.37	1.882 1	0.710 7	1.83	30.00
	平均	47.88	23.33	24.55	3.89	1.590 7	1.059 1	3.57	11.75

注：1999 年临安横路试验点资料，圃接，切接；多酚氧化酶活性、过氧化物酶活性单位为 $0.01\Delta A \cdot g^{-1} \cdot min^{-1}$（$\Delta A$ 表示吸光度的变化值），其余单位为 %。

5.1.1　含水量分析

由表 5.1 可知，不同种类穗条总含水量不同，其中徒长枝总含水量最高，平均为 49.20%；其次为 1 年生枝（平均为 47.90%）；结果枝含水量与 1 年生枝接近，平均为 47.88%。但自由水含量以 1 年生枝最高，平均为 28.46%；徒长枝最低，平均为 18.05%。束缚水含量变化正好与自由水含量变化相反。山核桃穗条在不同时间嫁接，总含水量变化趋势不一致。1 年生枝随着时间推移总含水量逐渐下降，而徒长枝先上升后下降，结果枝逐渐上升。自由水含量变化与总含水量变化趋势一致，束缚水含量与总含水量变化相反。4 月进入春季，气温回暖，山核桃接穗细胞新陈代谢开始加强，需要大量的自由水，因此 1 年生枝自由水含量显著高于其他 2 种穗条的自由水含量。随着时间推移，1 年生枝代谢活动加强，消耗了大量的水分，其总含水量和自由水含量很快下降，束缚水含量升高。

5.1.2　可溶性糖含量变化

3 种穗条中，1 年生枝可溶性糖含量最高（平均为 6.64%），其次为徒长枝（平均为 4.56%），结果枝可溶性糖含量最低，平均只有 3.89 %（表 5.1）。不同时间嫁接的接穗随着嫁接时间的延迟，可溶性糖含量逐渐下降，这可能是由于穗条在储藏过程中仍需要消耗大量能量，而可溶性糖正是它主要的能量来源。

5.1.3　单宁含量变化

单宁一直被认为是影响嫁接的主要因素。通过对单宁的测定可知，不同穗条的单宁含量基本接近。1 年生枝单宁含量为 1.044 0%，结果枝为 1.590 7%，徒长枝为 1.272 6%（表 5.1）。从不同嫁接时间上看，单宁含量总体上是增加的（表 5.1）。

5.1.4　多酚氧化酶活性变化

不同类型穗条以 1 年生枝多酚氧化酶活性最高，平均为 $0.012\ 6\Delta A \cdot g^{-1} \cdot min^{-1}$，其

次为结果枝，徒长枝最低，平均为 0.008 $2\Delta A \cdot g^{-1} \cdot min^{-1}$（表 5.1）。从不同嫁接时间来看，1 年生枝的多酚氧化酶活性都比较强，而结果枝与徒长枝的多酚氧化酶活性随时间下降，徒长枝的多酚氧化酶活性下降更快，4 月 23 日达到低值 0.004 $2\Delta A \cdot g^{-1} \cdot min^{-1}$（表 5.1）。

5.1.5　过氧化物酶活性变化

过氧化物酶活性的变化基本与多酚氧化酶相似。从平均值看，结果枝的过氧化物酶活性最高，其次为徒长枝，最低为 1 年生枝。从不同嫁接时间看，过氧化物酶活性的总趋势是下降的，1 年生枝过氧化物酶活性下降不大，而结果枝与徒长枝过氧化物酶活性下降迅速，至 4 月 23 日，分别下降到 0.018 $3\Delta A \cdot g^{-1} \cdot min^{-1}$ 和 0.017 $0\Delta A \cdot g^{-1} \cdot min^{-1}$（表 5.1）。

5.1.6　山核桃若干生理生化因子与嫁接成活率的相关性

通过对表 5.1 中 1 年生枝、结果枝不同穗条生理生化因子的相关分析，分列相关系数于表 5.2 和表 5.3。由表 5.2 可知，1 年生枝山核桃嫁接成活率与束缚水含量、多酚氧化酶活性达到显著负相关，相关系数分别为 −0.85、−0.80；与总含水量、自由水含量达到显著正相关，相关系数为 0.84、0.85；而与可溶性糖含量相关性不显著。单宁含量与可溶性糖达到极显著正相关，相关系数为 0.99；而与多酚氧化酶活性、过氧化物酶活性达到极显著负相关，相关系数分别为 −0.84、−0.95。多酚氧化酶活性、过氧化物酶活性与可溶性糖含量达到极显著负相关，相关系数分别为 −0.87、−0.96。

表 5.2　山核桃 1 年生枝若干生理生化因子与嫁接成活率的相关系数

生理生化指标	成活率	总含水量	自由水含量	束缚水含量	可溶性糖含量	多酚氧化酶活性	过氧化物酶活性	单宁含量
成活率	1.00							
总含水量	0.84*	1.00						
自由水含量	0.85*	1.00	1.00					
束缚水含量	−0.85*	−1.00	−1.00	1.00				
可溶性糖含量	0.40	−0.17	−0.14	0.13	1.00			
多酚氧化酶活性	−0.80*	−0.33	−0.36	0.37	−0.87**	1.00		
过氧化物酶活性	−0.63	−0.10	−0.13	0.14	−0.96**	0.97	1.00	
单宁含量	0.35	−0.22	−0.20	0.19	0.99**	−0.84**	−0.95**	1.00

注：多酚氧化酶活性、过氧化物酶活性单位为 $0.01\Delta A \cdot g^{-1} \cdot min^{-1}$，其余单位为 %。

* 和 ** 分别表示相关系数达到显著（$P<0.05$）及极显著（$P<0.01$）水平。

表5.3　山核桃结果枝若干生理生化因子与嫁接成活率的相关系数

生理生化指标	成活率	总含水量	自由水含量	束缚水含量	可溶性糖含量	多酚氧化酶活性	过氧化物酶活性	单宁含量
成活率	1.00							
总含水量	0.98**	1.00						
自由水含量	0.89**	0.96	1.00					
束缚水含量	-0.88**	-0.95	-1.00	1.00				
可溶性糖含量	-0.99**	-0.98	-0.90	0.88	1.00			
多酚氧化酶活性	0.99**	0.998	0.94	-0.93	-0.99	1.00		
过氧化物酶活性	-0.61	-0.73	-0.90	0.91	0.61	-0.69	1.00	
单宁含量	-0.94**	-0.98	-0.99	0.99**	0.94**	-0.97**	0.84**	1.00

注：多酚氧化酶活性、过氧化物酶活性单位为 $0.01\Delta A \cdot g^{-1} \cdot min^{-1}$，其余单位为 %。

* 和 ** 分别表示相关系数达到显著（$P<0.05$）及极显著（$P<0.01$）水平。

表 5.3 的结果表明，结果枝嫁接成活率与总含水量、自由水含量、多酚氧化酶活性达到极显著正相关，相关系数分别为 0.98、0.89、0.99，与束缚水含量、可溶性糖含量、单宁含量达到极显著负相关，相关系数分别为 -0.88、-0.99、-0.94，而与过氧化物酶活性相关性不显著。单宁含量与束缚水含量、可溶性糖含量达到极显著正相关，相关系数为 0.99、0.94，与过氧化物酶活性显著正相关，与多酚氧化酶活性极显著负相关，相关系数为 -0.97。

可见，无论是 1 年生枝还是结果枝，对嫁接影响最大的因子是含水量。一般来说，接穗内总含水量和自由水含量越高，嫁接苗越容易成活。可溶性糖是有效的碳源和能量来源，适量的碳源有利于植物愈伤组织的大量产生，中等浓度的蔗糖对山核桃愈伤组织的诱导、增殖和生长最有利。但对 1 年生枝的分析表明，可溶性糖与嫁接成活率的相关性不显著，对结果枝的分析却表明可溶性糖含量越高，嫁接成活率越低。这可能是由于可溶性糖在降解中形成大量的酚类物质对嫁接产生不利影响。从单宁含量来看，1 年生枝的嫁接成活率与单宁含量相关性不显著，而结果枝的嫁接成活率与单宁含量呈极显著负相关，这可能是因为 1 年生枝中本身单宁含量较少，而结果枝中单宁含量较高。此外，多酚氧化酶活性与 1 年生枝嫁接成活率呈显著负相关，与结果枝嫁接成活率呈极显著正相关，其含量与嫁接成活的关系有待于进一步确认。因此，提高穗条中自由水含量（可提高穗条生理活性）、降低细胞中单宁的浓度是有利于嫁接苗成活的。

5.2　山核桃接穗不同芽位生理生化因子变化

山核桃嫁接不同接穗成活率不同，同一接穗的不同芽位嫁接成活率也存在差异，并有明显的规律性。山核桃生长枝不同芽位的生理因子变化列于表 5.4。

表 5.4　山核桃生长枝不同芽位的生理因子变化

测定 指标	采穗 时间	嫁接部位							
		顶芽	第 1 级 侧芽	第 2 级 侧芽	第 3 级 侧芽	第 4 级 侧芽	第 5 级 侧芽	第 6 级 侧芽	第 7 级 侧芽
总含 水量	12 月 8 日	50.79	50.43	49.13	48.06	46.59	46.55	46.12	44.17
	次年 2 月 5 日	49.52	48.15	47.09	46.68	46.48	46.13	45.33	44.34
	次年 3 月 16 日	49.25	48.81	48.00	47.38	46.67	46.28	46.32	46.82
	平均	49.85	49.13	48.07	47.37	46.58	46.32	45.92	45.11
自由水 含量	12 月 8 日	35.67	34.37	28.66	16.65	21.36	23.73	24.88	24.15
	次年 2 月 5 日	32.89	31.05	22.45	23.28	18.71	18.26	25.72	27.90
	次年 3 月 16 日	37.46	33.07	32.98	25.44	24.59	29.13	31.88	30.34
	平均	35.34	32.83	28.03	21.79	21.55	23.71	27.49	27.46
可溶性 糖含量	12 月 8 日	4.77	4.29	3.87	3.81	3.74	3.30	3.04	2.79
	次年 2 月 5 日	5.61	3.35	3.40	3.21	3.14	2.22	1.71	1.20
	次年 3 月 16 日	5.22	5.06	4.51	4.23	3.60	3.40	3.46	2.85
	平均	5.20	4.23	3.93	3.75	3.49	2.97	2.74	2.28
可溶性 蛋白质 含量	12 月 8 日	5.36	5.06	4.09	4.1	4.21	3.65	3.57	3.82
	次年 2 月 5 日	7.35	7.33	6.78	4.21	3.32	3.30	4.10	3.91
	次年 3 月 16 日	9.93	8.84	8.38	7.33	6.53	6.14	6.69	6.70
	平均	7.55	7.08	6.42	5.21	4.69	4.36	4.79	4.81
单宁 含量	12 月 8 日	2.83	2.05	2.08	2.27	2.43	2.38	2.25	2.22
	次年 2 月 5 日	2.75	2.13	2.33	2.39	2.38	2.48	2.50	2.42
	次年 3 月 16 日	3.15	1.95	1.83	1.87	1.93	2.05	2.03	1.68
	平均	2.91	2.04	2.08	2.18	2.25	2.30	2.26	2.11
多酚氧 化酶 活性	12 月 8 日	5.18	4.31	3.16	3.88	2.66	2.53	2.31	1.82
	次年 2 月 5 日	7.50	6.38	6.86	6.44	6.09	4.76	2.94	2.66
	次年 3 月 16 日	7.84	7.00	6.29	6.72	5.67	5.67	4.76	4.70
	平均	6.84	5.90	5.44	5.68	4.81	4.32	3.34	3.06

注：多酚氧化酶活性单位为 $0.01\Delta A \cdot g^{-1} \cdot min^{-1}$，其余单位为 %。

5.2.1　含水量分析

由表 5.4 可知，从 12 月 8 日到次年 3 月 16 日，顶芽和第 1～3 级侧芽的总含水量都有不同程度的下降，并表现出越幼嫩的芽失水越严重。第 4～7 级侧芽木质化程度较高，总含水量基本没有变化。不同时间采集的穗条其总含水量都是在 2 月 5 日的最低，但整个趋势变化不大，均在44%～51%。而自由水含量差异显著。顶芽与第1级侧芽始终保持较高的自由水含量，而第2～5级侧芽在2月5日自由水含量下降迅速，第6～7级侧芽自由水含量则不断上升。穗条中大量可用的嫁接芽位是第2～5级侧芽，因此冬天采的穗条不利于嫁接成活。3月后，气温回暖，山核桃接穗细胞新陈代谢活动开始加强。3月16日采集的穗条，其不同芽位的自由水含量显著高于12月8日和2月5日采集的相应穗条。同一穗条不同芽位由顶芽到第7级侧芽其总含水量逐渐下降，其中12月采集的穗条总含水量下降了13%［(50.79-44.17)÷50.79≈13%］，而3月采集的穗条只下降了5%［(49.25-46.82)÷49.25≈5%］，表明3月采集的穗条总含水量在不同芽位分布较均一，嫁接利用率较高。

5.2.2　可溶性糖含量变化

不同时间采集的穗条自顶芽由上而下可溶性糖含量逐渐下降，3种不同时间采集的穗条可溶性糖含量以3月16日最高（表5.4），这主要是由于冬季山核桃接穗细胞内含有大量的淀粉质体，储藏了大量的淀粉，随着时间推移，春季的到来，穗条新陈代谢活动加强，大量的淀粉被降解为可溶性糖，供给侧芽的萌动所需。

5.2.3　可溶性蛋白质含量变化

3种不同时间采集的穗条的可溶性蛋白质含量相差较大，与可溶性糖含量变化一致。其中以12月8日可溶性蛋白质含量最低，平均为4.23%，3月16日可溶性蛋白质含量最高，平均为7.57%（表5.4）。不同时间采集的穗条自顶芽由上而下可溶性蛋白质含量逐渐下降，表明不同时间采集的穗条及穗条不同芽位新陈代谢活动不一致。

5.2.4　单宁含量变化

山核桃嫁接成活率低的原因一般认为是单宁含量较高，愈伤组织难以形成。由表5.4可知，3种不同时间采集的穗条中，3月16日采集的穗条顶芽中的单宁含量最高。同一穗条中，顶芽单宁含量最高，第1级侧芽至第7级侧芽单宁含量变化不大。随着春季温度上升，芽开始萌动，山核桃穗条中单宁含量减少。接穗中单宁含量的变化范围为1.68%～3.15%，低于柿树和杨梅，表明单宁不是影响嫁接成活的主要因子。

5.2.5　多酚氧化酶活性变化

不同时间采集的穗条以顶芽多酚氧化酶活性最大，平均为6.84%，然后下降，至第7级侧芽达到最低，平均为3.06%。从不同采穗时间来看，3月16日采集的穗条多酚氧化酶活性比其他时间采集的穗条都强，这与可溶性蛋白质含量变化一致（表5.4）。

5.2.6　内源激素含量变化

山核桃穗条不同芽位的内源激素含量见表 5.5。由表 5.5 可知，IAA 含量最高可达 1 775.79pmol·g^{-1}·FW（FW 表示鲜重，1pmol=10^{-12}mol），其 12 月 8 日采集的穗条中 IAA 的含量最低，平均为 2.32pmol·g^{-1}·FW；其次为 2 月 5 日采集的穗条；最高为 3 月 16 日采集的穗条，平均为 327.71pmol·g^{-1}·FW。玉米素（ZR）的含量以 12 月 8 日采集的穗条为最低，平均为 34.59pmol·g^{-1}·FW；而 2 月 5 日和 3 月 16 日采集的穗条较一致，分别平均为 62.85pmol·g^{-1}·FW 和 51.92pmol·g^{-1}·FW（表 5.5）。从不同采集时间的穗条异戊烯基腺苷（IPA）含量来看，2 月 5 日采集的穗条 IPA 含量最高，为 79.01pmol·g^{-1}·FW；其次为 3 月 16 日采集的穗条；最低为 12 月 8 日采集的穗条，平均为 53.07pmol·g^{-1}·FW（表 5.5）。而对于脱落酸（ABA）含量来说，3 种不同采集时间其含量以 12 月 8 日采集的穗条为最高；最低为 2 月 5 日和 3 月 16 日采集的穗条，平均为 14pmol·g^{-1}·FW 左右（表 5.5）。

表 5.5　山核桃穗条不同芽位的内源激素含量　　　（单位：pmol·g^{-1}·FW）

采集日期	激素	芽位							平均值
		顶芽	1 级侧芽	2 级侧芽	3 级侧芽	4 级侧芽	5 级侧芽	6 级侧芽	
12 月 8 日	IAA	10.45	1.86	1.35	0.14	0.32	0.53	1.61	2.32
	ZR	7.12	50.58	48.67	46.77	16.23	30.03	42.73	34.59
	ABA	1.81	26.80	10.31	12.30	18.14	25.65	—	15.84
	IPA	18.97	125.90	39.34	49.64	18.14	42.97	76.52	53.07
2 月 5 日	IAA	4.48	1 107.45	516.34	71.20	0.01	47.86	2.92	250.04
	ZR	17.35	114.30	130.92	54.29	36.92	60.53	25.64	62.85
	ABA	5.27	8.95	11.47	7.65	12.59	6.94	44.01	13.84
	IPA	22.26	223.12	150.25	79.30	41.72	16.28	20.17	79.01
3 月 16 日	IAA	79.49	1 775.79	198.68	7.97	2.63	1.27	228.12	327.71
	ZR	11.19	134.18	57.51	41.08	52.70	51.32	15.43	51.92
	ABA	1.96	10.85	30.44	15.19	23.25	14.46	4.71	14.41
	IPA	41.00	148.21	104.82	44.66	50.96	52.84	13.47	65.14

注：IAA 代表吲哚乙酸，ZR 代表玉米素，ABA 代表脱落酸，IPA 代表异戊烯基腺苷。

山核桃不同芽位的激素变化存在一定的规律。从表 5.5 和图 5.1（a）中可以看出，2 月 5 日和 3 月 16 日采集的穗条随着芽位的下降，IAA 含量先升高后下降，在第 1 级侧芽达到最高，然后急剧下降。而对于 12 月 8 日采集的穗条，IAA 含量随着不同芽位的下降基本不变。从不同芽位 ZR 含量来看，2 月 5 日采集的穗条以第 2 级侧芽 ZR 含量最高，之后逐渐下降，维持一定的水平；而3月16日采集的穗条以第1级侧芽最高，之后逐渐下降；12月8日采集的穗条以顶芽最低，其他芽位基本不变 [图5.1（b）]。从不同芽位 ABA 含量变化来看，2月5日采集的穗条以第6级侧芽含量最高，其他芽位含量基本一致；3月16日采集的穗条基本呈现中间芽位含量高，两端芽位 ABA 含量低的变化趋势，呈倒钟型；12月8日采集的穗条以第1级侧芽含量最高 [图5.1（c）]。从不同芽位 IPA 含量变化来看，其变化趋势与 ZR 的变化趋势基本一致，3个不同时间采集的穗条都以第1级侧芽含量最高 [图5.1（d）]。

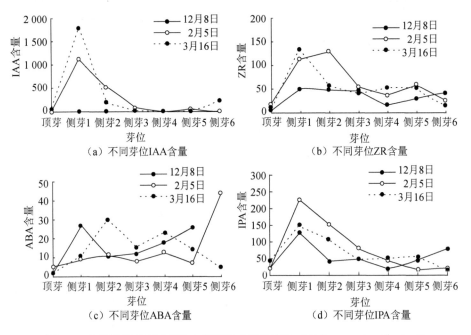

图 5.1　山核桃穗条不同芽位内源激素含量的变化（单位：pmol·g^{-1}·FW）

IAA 代表吲哚乙酸，ZR 代表玉米素，ABA 代表脱落酸，IPA 代表异戊烯基腺苷

5.3　嫁接植株形成过程中砧、穗内部生理生化因子变化

5.3.1　含水量分析

4月3日嫁接的穗条含水量在第9d达到最低，而砧木中含水量随着春季温度上升，随砧木的萌动而缓慢上升，9d之后，穗条和砧木的含水量同步缓慢上升 [表5.6和图5.2（a）]。这个结果与山核桃嫁接的解剖构造一致，9d后愈伤组织开始形成，意味着砧穗相互对接的开始，含水量逐渐上升。4月23日嫁接的穗条含水量在5d就

达到峰值［表 5.6 和图 5.2（b）］，比 4 月 3 日嫁接的穗条提早 4d，这可能是由于气温已经上升，4 月 23 日嫁接的穗条，新陈代谢旺盛，水分流动性加强。砧木由于切接，含水量随着时间推移逐渐下降，至 11d 砧木和穗条含水量达到最低，而后又缓慢升高［表 5.6 和图 5.2（b）］。这表明 4 月 23 日嫁接的萌动早，但愈伤组织形成反而比 4 月 3 日迟，因此，4 月 23 日嫁接的材料应注意保湿。

表 5.6　山核桃嫁接后砧木、穗条含水量变化　　　　　　（单位：%）

嫁接时间	测定部位	嫁接后天数 /d							
		2	5	7	9	11	15	25	30
4 月 3 日	穗条	47.96	47.20	45.12	44.71	45.42	48.23	48.65	49.44
	砧木	44.23	44.22	44.78	44.94	44.96	45.03	46.70	46.48
4 月 23 日	穗条	45.76	53.04	51.50	49.60	48.05	50.48	55.88	55.21
	砧木	54.46	53.87	54.57	53.82	51.55	52.64	54.74	51.37

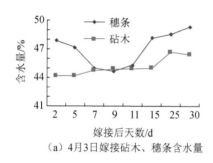
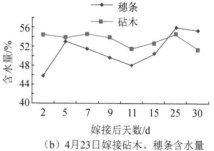

（a）4 月 3 日嫁接砧木、穗条含水量　　　　（b）4 月 23 日嫁接砧木、穗条含水量

图 5.2　山核桃嫁接后砧木、穗条含水量变化

5.3.2　可溶性蛋白质含量变化

2 种不同时间嫁接的山核桃苗，其砧木和接穗中的可溶性蛋白质含量，随时间推移呈现先上升后下降的趋势。4 月 3 日嫁接的穗条和砧木蛋白质含量在嫁接后 15d 达到峰值，而 4 月 23 日嫁接的穗条和砧木可溶性蛋白质含量在嫁接后 5～9d 就达到峰值，表明随着气温回暖，代谢活动加强，4 月 23 日嫁接的山核桃苗可溶性蛋白质含量比 4 月 3 日嫁接的苗木提早 6～10d 达到峰值，有利于穗条和砧木接合处的接合（表 5.7）。

表 5.7　山核桃嫁接后砧木、穗条可溶性蛋白质含量变化　　　　（单位：%）

嫁接时间	测定部位	嫁接后天数/d					
		4	5	9	15	25	30
4 月3 日	穗条	4.03	4.70	5.46	6.73	4.88	3.82

嫁接时间	测定部位	嫁接后天数/d					
		4	5	9	15	25	30
4月3日	砧木	3.14	4.35	4.40	6.22	2.98	2.83
4月23日	穗条	6.04	6.34	5.15	4.45	4.10	4.60
	砧木	3.72	3.45	4.23	2.62	2.65	2.79

5.3.3 单宁含量变化

穗条和砧木中的单宁含量随着嫁接后天数的延长，呈现上升趋势（表5.8）。4月23日嫁接的穗条和砧木中单宁含量平均值分别为2.68%和1.99%，高于4月3日嫁接的穗条和砧木（分别为2.53%和1.70%）。但由于多酚氧化酶活性上升的幅度高于单宁含量上升的幅度（表5.9），表明4月23日嫁接后苗木水分充足，代谢旺盛，有利于消除单宁等酚类物质的毒害。

表5.8　山核桃嫁接后砧木、穗条单宁含量变化　　　　　（单位：%）

嫁接时间	测定部位	嫁接后天数/d						
		5	6	9	11	13	15	30
4月3日	穗条	2.15	2.56	2.59	2.64	2.60	2.65	2.50
	砧木	1.33	1.48	1.37	1.78	2.02	1.73	2.16
4月23日	穗条	2.28	2.71	2.80	2.79	2.76	2.55	2.85
	砧木	1.79	1.80	1.87	1.92	1.94	2.09	2.51

5.3.4 多酚氧化酶活性变化

从嫁接后5d开始，穗条和砧木中的多酚氧化酶活性随着时间推移逐渐增加（表5.9）。4月23日嫁接的穗条和砧木其多酚氧化酶活性（分别为 $0.074\Delta A \cdot g^{-1} \cdot min^{-1}$、$0.055\Delta A \cdot g^{-1} \cdot min^{-1}$）显著大于4月3日嫁接的穗条和砧木（分别为 $0.035\Delta A \cdot g^{-1} \cdot min^{-1}$、$0.034\Delta A \cdot g^{-1} \cdot min^{-1}$），与嫁接后5d相比，4月23日嫁接的穗条和砧木在嫁接后30d分别上升了1.84倍〔（10.93–3.85）÷3.85=1.84〕、1.30倍〔（7.42–3.22）÷3.22=1.30〕，而4月3日嫁接的砧木在嫁接后30d上升了2.17倍〔（6.44–2.03）÷2.03=2.17〕。

表5.9　山核桃嫁接后砧木、穗条多酚氧化酶比活性变化　（单位：$0.01\Delta A \cdot g^{-1} \cdot min^{-1}$）

嫁接时间	测定部位	嫁接后天数/d				
		5	7	13	20	30
4月3日	穗条	2.38	3.43	3.08	4.27	4.52
	砧木	2.03	2.10	2.94	3.29	6.44
4月23日	穗条	3.85	5.23	8.26	8.72	10.93
	砧木	3.22	3.89	6.29	6.67	7.42

5.3.5　内源激素含量变化

嫁接后，接穗内 IAA 逐渐下降，至嫁接后 4d 达最低值，而后 IAA 含量升高，至嫁接后 6d 形成最高峰，后又逐渐下降，到 11d 后趋于平缓。砧木切断后，IAA 含量没有明显下降，至 4d 大量形成，出现一高峰，而后逐渐趋于平缓［表 5.10 和图 5.3（a）］。接穗的 ZR 含量在嫁接后的 3d 不断上升，而后下降，到 9d 形成最高峰，达到 89.37pmol·g^{-1}·FW。而砧木嫁接后 2d 含量下降，3d 上升达到高峰值，之后逐渐下降趋于平缓［表 5.10 和图 5.3（b）］。嫁接后 2d，砧木 ABA 就快速下降，3d 上升形成峰值，而后走势平缓。接穗嫁接后 ABA 含量经 2d 的上升后，接着下降，变化与砧木相似［表 5.10 和图 5.3（c）］。IPA 在接穗内 2d、砧木 3d 就达到最高峰，而后趋于平缓，砧木在嫁接后 20d 又上升形成峰值，接着趋于平缓［表 5.10 和图 5.3（d）］。

表 5.10　山核桃嫁接后砧、穗的内源激素含量　　　　（单位：pmol·g^{-1}·FW）

部位	激素	嫁接后天数 /d														
		1	2	3	4	5	6	7	9	11	13	15	20	25	30	50
接穗	IAA	31.57	5.78	10.54	0.56	1.86	61.44	2.15	1.28	11.32	7.20	0.52	2.98	2.42	6.53	5.98
	ZR	22.90	32.18	78.87	11.51	31.79	11.93	27.65	89.37	33.10	88.06	10.32	49.50	19.61	47.46	61.83
	ABA	—	3.27	5.69	4.76	2.48	1.15	2.50	4.43	3.51	4.21	2.65	3.92	4.42	3.11	4.65
	IPA	36.45	157.32	76.75	31.01	22.96	2.18	19.38	15.63	6.37	32.54	41.77	24.25	29.74	12.22	24.93
砧木	IAA	6.06	6.25	6.78	47.98	6.33	1.37	2.30	—	10.00	—	1.36	5.83	5.01	—	—
	ZR	57.79	16.43	142.98	15.10	9.27	9.48	25.72	—	29.89	—	10.38	57.56	63.12	—	—
	ABA	12.62	3.27	5.64	2.30	1.15	1.78	2.31	—	2.40	—	2.25	3.86	3.36	—	—
	IPA	47.68	69.50	132.46	38.15	6.67	6.13	12.20	—	14.29	—	42.88	99.04	14.67	—	—

注：IAA 代表吲哚乙酸，ZR 代表玉米素，ABA 代表脱落酸，IPA 代表异戊烯基腺苷。

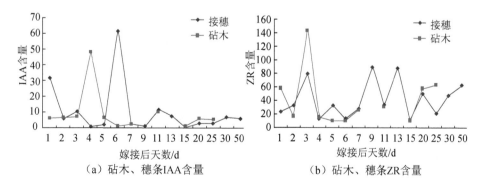

图 5.3　山核桃嫁接后砧木、穗条内源激素含量变化（单位：pmol·g^{-1}·FW）

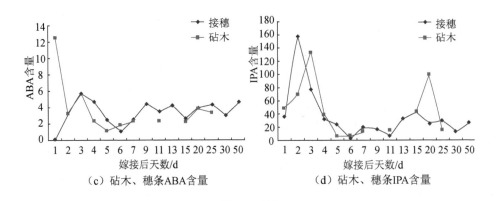

（c）砧木、穗条 ABA 含量　　　　（d）砧木、穗条 IPA 含量

图 5.3（续）

IAA 代表吲哚乙酸，ZR 代表玉米素，ABA 代表脱落酸，IPA 代表异戊烯基腺苷

5.4　山核桃嫁接成活的影响因素探讨

5.4.1　穗条种类、芽位及嫁接时间与嫁接成活率的关系

嫁接植株的形成，包括初始粘连、愈伤组织的形成、贯穿砧木和接穗的维管束桥的形成等几方面。在这个过程中，砧木和接穗内部发生了许多生理生化变化，砧木和接穗的生活能力对愈伤组织的形成至关重要。试验结果表明：不仅不同接穗嫁接成活率不同，同一类型接穗在不同采集时间其嫁接成活率也不同，而且同一接穗不同芽位的嫁接成活率也不同。这主要由复杂的内部与外部环境影响。在内部生理生化因子中，含水量、可溶性糖含量、可溶性蛋白质含量、单宁含量、多酚氧化酶活性及激素含量等不同，都会对不同类型接穗、同一类型不同采穗时间和不同嫁接时间的嫁接成活率产生影响。1 年生枝的生理生化因子如自由水含量、可溶性糖含量等都较其他 2 种类型的穗条高，而单宁含量较其他 2 种类型穗条低，故嫁接成活率高于其他 2 种穗条（表 5.1）。4 月 12 日采集的山核桃 1 年生穗条自由水含量较高（表 5.1），束缚水含量较低，多酚氧化酶活性及过氧化物酶活性较高，植物体内的新陈代谢旺盛，同时自我保护能力加强，可清除酚类物质对植物体的毒害，有利于愈伤组织的形成，因此嫁接成活率较高。因此，一般来说自由水含量对植物体嫁接起关键的作用。自由水是植物体内新陈代谢物质的运输主体，自由水含量越高，细胞渗透活动越活跃，越有利于细胞的分裂、生长和繁殖，越能促进愈伤组织的形成。同时，自由水含量高可降低单宁的含量，增强多酚氧化酶的活性，因此可提高嫁接成活率。同一穗条不同芽位的生理生化因子也不同，山核桃穗条第 3～5 级侧芽自由水含量较低，束缚水含量较高，多酚氧化酶活性加强，植物的自我保护能力加强，可清除酚类物质对植物体的毒害，对细胞活动有利。

而其他生理生化因子如可溶性蛋白质含量、可溶性糖含量等变化都不大，表明同一穗条第 3 ～ 5 级侧芽耐受伤害能力较强，嫁接成活率较高。同时接穗的木质化程度也可能对嫁接苗的成活十分重要，越幼嫩的部位越易失水，从而影响嫁接成活率。

　　研究人员认为温度和湿度是影响山核桃嫁接成活率的主要因子。温度过高，湿度过低，接穗易失水干枯；温度过低，伤口愈合速度缓慢。从我们的试验看，4 月 3 日嫁接时，砧木还未萌动，生理活性较低，根系不发达，供水能力差。嫁接后随着温度的上升，砧木含水量缓慢上升（表 5.6），而可溶性蛋白质含量（表 5.7）、可溶性糖含量及多酚氧化酶活性（表 5.9）等都还较低。这时，接穗缺乏水分的供应，代谢活动较弱，又因外界环境干燥，裸芽易失水，故自由水含量逐渐下降。嫁接后前 9d 砧穗 2 个接触面上各种生活薄壁细胞还未脱分化形成愈伤组织，此时嫁接苗最易因外界环境的不适而死亡，因此必须加强管理。9d 后，嫁接苗砧穗形成层形成了愈伤组织，冲破了隔离层，愈伤组织细胞相互接触，砧木不断地向接穗输送水分、养分，接穗和砧木中的含水量逐渐升高（表 5.6），可溶性蛋白质含量（表 5.7）、可溶性糖含量及多酚氧化酶活性（表 5.9）等缓慢上升。而 4 月 23 日嫁接时砧木已经萌动，新陈代谢旺盛，根系发达，水分、蛋白质、可溶性糖及多酚氧化酶等都处于较高的代谢水平，导致嫁接后砧木出现含水量及其他生理生化因子的下降。接穗嫁接后温度较高，代谢加快，因此，嫁接后前 5d，接穗的含水量、可溶性蛋白质含量和可溶性糖含量等显著升高。而后，由于接穗得不到砧木的水分供应，自由水含量不断下降，营养物质如蛋白质等也因消耗而下降。到 11d，砧木和接穗产生的愈伤组织细胞突破了隔离层，恢复了砧木对接穗的水分、养分运输，接穗和砧木的含水量、可溶性蛋白质含量、可溶性糖含量及多酚氧化酶活性等又逐渐升高。嫁接后，单宁含量也增加（表 5.8），与多酚氧化酶活性增强同步进行。单宁对植物嫁接是有影响的，但山核桃接穗中单宁的含量平均为 2.53% ～ 2.68%，远没有柿树和杨梅的高，对细胞活动影响不大，因此不是影响嫁接苗成活的主要因子。

5.4.2　植物内源激素变化与嫁接成活率的关系

　　嫁接在园艺中普遍使用，嫁接愈合过程指的是砧穗愈伤组织的产生、对接和愈合，维管束桥的形成与维管束的分化，砧、穗结合成一体的整个过程。这个过程涉及细胞的分化与脱分化，砧穗之间的亲和及砧穗之间水分、物质和信息的传递等许多生理生化变化。植物激素作为调节植物生长发育的微量有机物质，在植物嫁接过程中起着非常重要的作用。激素的作用机理主要是激素分子结合到原生质膜的受体蛋白上，结合体活化膜附近的磷脂酶 C，通过磷酸化引起一连串反应，活化 Ca 离子泵，使细胞液中 Ca 离子（Ca^{2+}）浓度升高，继而激活若干种激酶，通过酶磷酸化和 Ca 离子激活的酶调节各种代谢过程。此过程也包括激素－受体蛋白进入细胞核内活化基因的作用，即活化特殊的 mRNA，通过翻译过程为细胞的体积增大提供各类蛋白质分子。山核桃在嫁接过程中不同取样时间的接穗嫁接成活率存在显著差异。3 月 16 日采集的穗条顶芽

IAA、ZR、IPA 含量均高于 12 月 8 日采集的穗条；但 ABA 含量却以 2 月 5 日采集的顶芽最高（表 5.5）。同时 3 月 16 日采集的穗条顶芽自由水含量、可溶性蛋白质含量均高于 2 月 5 日和 12 月 8 日采集的样本（表 5.4）。不同时间采集穗条的其他芽位生理生化因子也有很大差异，但整体而言，3 月 16 日采集的穗条其自由水含量、可溶性糖含量和可溶性蛋白含量高于其他 2 个时期（表 5.4 和表 5.5），这可能是 3 月 16 日采集的穗条嫁接成活率高于其他时期的部分原因。由生长素与细胞分裂素类（玉米素、异戊烯基腺苷）的比值、生长素与脱落酸的比值可以看出，第 1 级侧芽比值最高，而后逐级下降 [图 5.4（a）和（b）]，表明第 1 级侧芽之后植物的自我保护能力加强，对细胞活动有利。而其他如可溶性蛋白质含量、可溶性糖含量等生理生化因子都变化不大，这与第 3 章的结论一致，表明同一穗条离顶芽越远的侧芽木质化程度越高，耐受伤害能力越强，嫁接成活率较高。

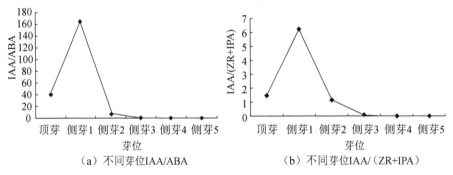

（a）不同芽位 IAA/ABA　　　　　（b）不同芽位 IAA/（ZR+IPA）

图 5.4　山核桃穗条不同芽位内源激素比例变化

IAA 代表吲哚乙酸，ZR 代表玉米素，ABA 代表脱落酸，IPA 代表异戊烯基腺苷

山核桃嫁接后，细胞分裂素类在嫁接后的 2～3d 达到高峰，而生长素（吲哚乙酸）分别在 4d（砧木）和 6d（接穗）达到高峰。可见细胞分裂素类对植物创伤的反应速度较生长素快。由生长素与细胞分裂素类的比值 [图 5.5（b）] 及生长素与脱落酸的比值 [图 5.5（a）] 可见，它们具有基本相同的变化规律，砧木的生长素与脱落酸的比值、生长素与细胞分裂素类的比值在嫁接后 3～4d 达到最高，接穗在嫁接后 5～6d 比值最高。这个时间正是砧木、接穗愈伤反应后，切面内部细胞膨大、液泡化及愈伤组织形成阶段。这与卢善发等（1995）对番茄的研究结果一致，嫁接后 IAA 的高峰期正是维管束桥的形成期，表明 IAA 高峰与维管束桥的形成相关。通过 IAA 的免疫金定位，也发现早期生长素含量较高，在细胞壁、质体和液泡内都可发现，而嫁接 15d 后，IAA 的金颗粒很少发现。因此，嫁接早期 IAA 的大比例增加对植物细胞膨大及愈伤组织形成是有利的。

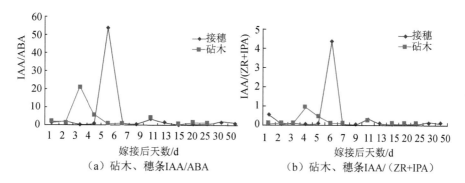

图5.5　山核桃嫁接后砧木、穗条内源激素比例变化

IAA 代表吲哚乙酸，ZR 代表玉米素，ABA 代表脱落酸，IPA 代表异戊烯基腺苷

第6章 山核桃嫁接 cDNA-AFLP 分析

山核桃属植物是重要的木本油料作物，山核桃果实是世界性著名干果，经济价值大，对提高山区农民收入有着重要意义。但山核桃存在营养生长时间长、树体高大、不易采摘、良种化和园艺化推广困难等问题，因而山核桃产业发展缓慢。嫁接作为植物无性繁殖中的一项重要园艺技术，是解决山核桃良种化和园艺化栽培的重要手段。国内外许多科研工作者围绕山核桃嫁接成活过程开展了一系列形态解剖、生理生化研究。黄坚钦等（2001）对山核桃嫁接成活过程进行了解剖学观察，确定了山核桃嫁接经过了愈伤组织形成、对接、维管束桥的形成及维管分化等过程。郑炳松等（2002）对山核桃嫁接成活的生理生化特性进行了分析，研究表明砧、穗含水量，蛋白质含量，可溶性糖含量等生理生化因子变化对山核桃嫁接成活有显著的影响。但到目前为止，对山核桃嫁接成活的分子调控网络仍不清楚，有关嫁接成活的分子机理还未见报道。

cDNA-AFLP 是一种显示差异表达基因的 RNA 指纹技术，退火温度较高，严谨度更高，结果可以重复。cDNA-AFLP 能揭示含有合适限制性酶切位点的任何基因时空表达的改变，且能区别同一个基因家族中高度同源的基因；此外，cDNA-AFLP 不需要任何事先存在的序列信息。这些优点使 cDNA-AFLP 成为一种克隆新基因的良好工具。因此，cDNA-AFLP 可用于对基因表达特性、遗传标记发展和特异表达基因分离的研究。本章拟通过 cDNA-AFLP 技术，分析山核桃嫁接前和嫁接后 3 个时间点的基因表达差异（郑炳松等，2009），并分离和克隆差异表达片段，进行生物信息学分析，为嫁接成活相关基因的克隆、基因表达特性的研究提供理论依据。

6.1 RNA 提取结果

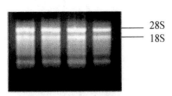

图 6.1 RNA 提取结果电泳图

采用改良的 CTAB（十六烷基三甲基溴化铵）方法提取山核桃总 RNA，取 2μL 样品在 1.1% 琼脂糖凝胶上电泳 15min，检测 RNA 情况。从图 6.1 可以看出，采用改良 CTAB 法提取山核桃总 RNA 效果较好，表现为提取的总 RNA 完整性好、丰度高。

6.2　cDNA-AFLP 分析

图 6.2（a）为山核桃的 cDNA 电泳分析结果，从图中可以看出，合成的 ds cDNA 弥散性条带分别均匀地分布于 0.1 ~ 4kb，中间有亮带，电泳带数适中、清晰，特异性较好。图 6.2（b）为山核桃接穗和砧木 cDNA 的预扩增结果，结果显示 cDNA 预扩增成弥散性条带，分别分布于 200 ~ 1 000bp，中间亮带较集中，电泳带数符合选择性扩增要求，可以进行下一步试验。经过筛选，共选用 100 对引物组合进行选择性扩增，并对扩增反应液进行聚丙烯酰胺凝胶电泳。图 6.2（c）可清晰地辨别图版中砧木和接穗之间的差异片段，或砧木与接穗不同时间点之间的差异。所有条带大小均在 200 ~ 1 000bp。

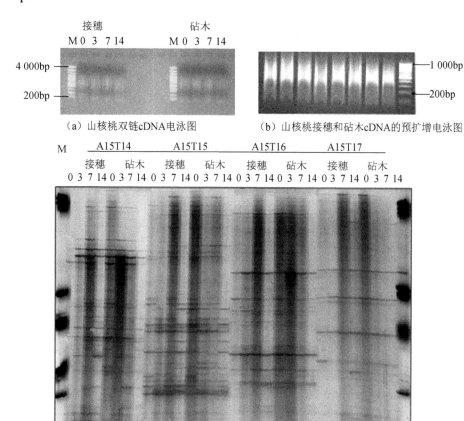

（a）山核桃双链cDNA电泳图　　　（b）山核桃接穗和砧木cDNA的预扩增电泳图

（c）山核桃接穗和砧木cDNA的选择性扩增电泳图

图 6.2　山核桃的 cDNA-AFLP 分析

6.3　特异片段克隆测序分析

从聚丙烯酰胺凝胶电泳板中回收 300 多条 TDFs（转录衍生片段），进行二次扩增。图 6.3（a）是二次扩增的电泳分析结果，选取合适的条带，在 200 ～ 500bp［图 6.3（a）中 B］，将其割下，进行纯化。图 6.3（b）是割下条带纯化后的电泳分析结果，结果显示差异片段大小在 200 ～ 500bp，纯化回收效果好。图 6.3（c）是提取质粒并进行酶切后的电泳分析结果，可以看出，大部分重组质粒都有 2 个条带（图中 C），表明特异性片段已转接到质粒 DNA，可以用于下一步的测序工作；部分样品只有 1 个条带（图中 D），说明特异性片段未转接到质粒 DNA 中，需要重新进行酶切、连接和转化。最终测序结果得到 66 条 TDFs。

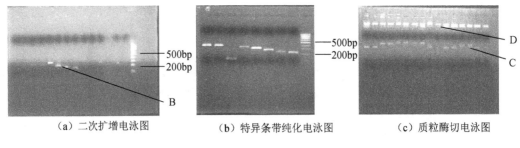

（a）二次扩增电泳图　　　　（b）特异条带纯化电泳图　　　　（c）质粒酶切电泳图

图 6.3　山核桃特异片段电泳图

6.4　定量 RT-PCR 分析

通过对测序所得的序列进行比对，去掉重复序列后得到 49 个 TDFs。为了验证 cDNA-AFLP 的表达谱，从中选取 12 个 TDFs 进行定量 RT-PCR，对数据结果采用相对定量法进行分析，并应用 Microsoft Excel 2003 作图（图 6.4）。结果显示，其中 8 个克隆——翻译起始因子 eIF-4A、$3'$ -$5'$ 核糖核酸外切酶 / RNA 结合（AT2G47220）、18 号未知基因、分离 K1/E32 K1 糖蛋白、生长素响应因子 1、水通道蛋白（PIP1B）、大豆过氧化氢酶和 65 号未知基因与 cDNA-AFLP 的表达一致，1 个克隆——25 号未知基因与 cDNA-AFLP 的表达基本一致，而其余 3 个克隆——17 号未知基因、β 家族 G 蛋白和 CDC20 蛋白（CDC20.2）的表达与 cDNA-AFLP 的表达结果有差异。本实验 cDNA-AFLP 表达谱中的 75% 得到验证。所以总体来说，此技术用于鉴定山核桃嫁接成活相关基因是可靠的。

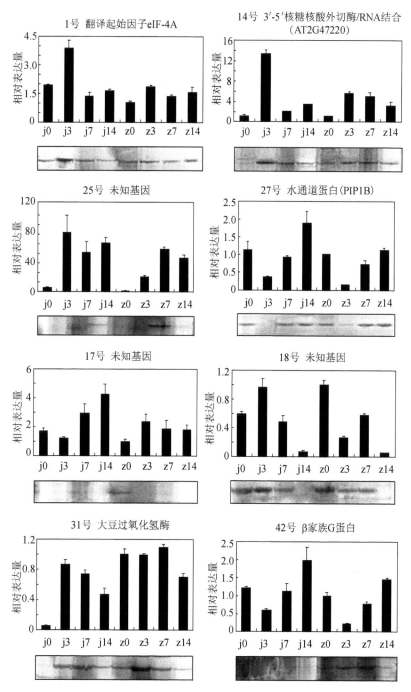

图 6.4　定量 RT-PCR 分析结果与 cDNA-AFLP 电泳图对比

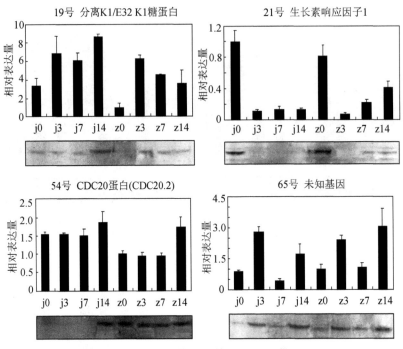

图 6.4（续）

j 代表接穗，z 代表砧木；数字代表嫁接后天数（d）

6.5 序列功能分析

根据嫁接过程中诱导表达的时间早晚，可把 49 个 TDFs 表达分为 4 个类型：在接穗中，11 个表达没有变化，5 个在嫁接后被抑制，20 个在嫁接后 3d 或 7d 被诱导，13 个在嫁接后 14d 被诱导。在砧木中，9 个表达没有变化，32 个在嫁接后被抑制，7 个在嫁接后 3d 或 7d 被诱导，1 个在嫁接后 14d 被诱导。山核桃嫁接过程砧穗中部分 TDFs 的表达情况见表 6.1。

表 6.1　山核桃嫁接过程砧穗中 TDFs 的表达（1、2、3、4 表示由弱到强表达）

编号	TDFs	接穗中表达情况	砧木中表达情况	序列号	序列相似性
1	A14T14-2.3	1 143	4 411	U73459.1	翻译起始因子 eIF-4A
9	A14T17-9.1	1 114	1 111	NM_112480.2	GTP 结合（AT3G16100）
14	A14T15-3（3）	1 441	1 411	NM_130290.2	3′-5′ 核糖核酸外切酶 / RNA 结合（AT2G47220）
16	A15T15-4（2）	1 111	3 111	NM_103932.2	泛素结合酶（UBC20）
19	A14T17-10.1	1 114	1 114	AY204670.1	分离 K1/E32 K1 糖蛋白

续表

编号	TDFs	接穗中表达情况	砧木中表达情况	序列号	序列相似性
21	A15T15-12（1）	1 341	1 432	AF140228.2	生长素响应因子 1
27	A15T15-13（3）	1 341	4 222	NM_130159.2	水通道蛋白（PIP1B）
29	A15T17-4R（2）	1 114	1 111	DQ984138.1	蛋氨酸合成酶
30	A15T14-3	1 342	3 431	U90212.1	DNA 结合蛋白 ACBF
31	A15T14-4	1 443	2 431	AF035255.1	大豆过氧化氢酶
32	A15T16-5	1 141	2 111	DQ241858.1	60S 核糖体蛋白 L7A-like
33	A15T17-3	1 243	4 441	AF324244.1	翻译起始因子 2（IF2）
35	A15T15-3	1 241	2 222	AY463008.1	UDP- 葡糖基转移酶
42	A11T10-1.2	2 222	2 341	AY463016.1	β 家族 G 蛋白
48	A14T15-4（1）	1 111	3 111	AY136509.1	大豆枯草杆菌蛋白酶 C1
49	A11T11-3（3）	4 111	1 111	AY463008.1	UDP- 葡糖基转移酶
54	A11T12-12（2）	1 131	3 333	AF029263.1	CDC20 蛋白（CDC20.2）
56	A11T10-12.3	1 111	1 141	AF531102.1	白介素 1 受体
62	A11T11-10.2	1 211	1 111	XM_001264067.1	NRRL 181 abc 转运体（NFIA_008480）

在 49 个诱导表达的基因中，20 个已知功能的基因可以被分为 9 类（表 6.2）：IAA 运输蛋白基因（2 个）、细胞周期蛋白基因（1 个）、水分代谢基因（1 个）、信号转导基因（4 个）、核酸代谢基因（5 个）、氨基酸代谢基因（2 个）、蛋白质代谢基因（1 个）、碳代谢基因（3 个）和物质分泌基因（1 个）。2 个 IAA 运输蛋白基因、1 个细胞周期蛋白基因和 1 个水通道蛋白基因都在山核桃嫁接后 3d 或 7d 接穗和砧木中上调表达。IAA 响应因子、ABC 转运体和 CDC 细胞周期蛋白的表达被迅速诱导，可能参与了嫁接过程中砧穗对接、形成层形成等过程。嫁接体被切断物质运输的通道后，砧穗迅速作出反应，诱导与 IAA 运输相关基因的表达，促进 IAA 的运输与释放，从而促进细胞的分裂与伸长生长。我们的前期研究表明，水分在嫁接过程中起到非常重要的作用，水通道蛋白在嫁接早期的上调表达，对水分的吸收与运输是十分有利的。信号转导相关的 G 蛋白、泛素连接酶、糖蛋白和 IL1R1 受体在砧木的早期与晚期上调表达，可能参与山核桃嫁接的不同时期的信号转导。5 个核酸代谢相关的基因（60S 核酸蛋白基因、2 个翻译起始因子基因、DNA 结合蛋白基因和核酸外切酶基因）在嫁接后不同时间增强表达，对下游基因的表达具有促进作用，说明它们可能参与嫁接体生长的不同过程。蛋白水解酶基因、Vp2 囊泡焦磷酸化酶基因在嫁接的早期上调表达，蛋氨酸合成酶基因在嫁接后期上调表达，表明在嫁接过程中原有的蛋白质发生降解，然后通过囊泡焦磷酸化酶的分泌修饰作用，通过氨基酸合成酶合成相关的氨基酸，氨基酸在后期被利用合成新

的蛋白质。UDPG 转移酶在嫁接的早中期上调表达,GTP 结合蛋白在嫁接后期上调表达,说明在嫁接过程中需要通过呼吸作用消耗大量的物质和能量,以供给嫁接体的生长发育。在 29 个诱导表达的基因中 8 个编码未知功能蛋白,其余的 21 个仅与未注释的基因组序列相似,或者在核苷酸数据库中无同源序列(表 6.2),说明在山核桃嫁接过程中可能有新的基因发挥作用。

表 6.2 山核桃嫁接过程中功能基因的分类

主要功能分类	基因数量 / 个	百分比 /%
蛋白质代谢	1	2.0
物质分泌	1	2.0
水分代谢	1	2.0
细胞周期	1	2.0
IAA 运输	2	4.1
氨基酸代谢	2	4.1
碳代谢	3	6.1
信号转导	4	8.2
核酸代谢	5	10.2
未分类蛋白	8	16.3
其他	21	42.9
总计	49	100

6.6 嫁接调控网络初探

在嫁接过程中,接穗内生长素含量在嫁接后 6d 形成最强峰。砧木切断后 4d 生长素大量形成,出现一强峰。因此可以推测,那些在嫁接后 3d 或 7d 表达最强的基因可能在转录水平上与嫁接后促进愈伤组织的形成和细胞的生长分裂有关。49 个 TDFs 中的 11 个基因符合此条件,其中 4 个基因被报道与生长素的运输及细胞的生长相关,包括水孔蛋白基因(*PIP1B*)、细胞周期蛋白基因(*CDC20*)、IAA 响应因子基因(*ARF*)和 ABC 转运体基因(*NRRL*)。编码磷酸戊糖途径中的 UDPG 转移酶基因(*UDPGT*)和甘氨酸代谢的甘氨酸催化酶基因(*cat4*)可能为生长的细胞提供物质和能量基础(图 6.5)。至于另外 5 个核酸代谢相关的基因 [60S 核糖体蛋白基因、翻译起始因子基因(*IF2* 和 *tif-4A3*)、DNA 结合蛋白基因(*ACBF*)和核酸外切酶基因(*AT2G47220*)]可能参与山核桃嫁接成活过程中相关基因的表达。表达在嫁接后 14d 达到高峰的基因,如蛋氨酸合酶基因、GTP 结合蛋白基因(*GBP*)和 K1 糖蛋白基因可能与嫁接后期的反应有关。

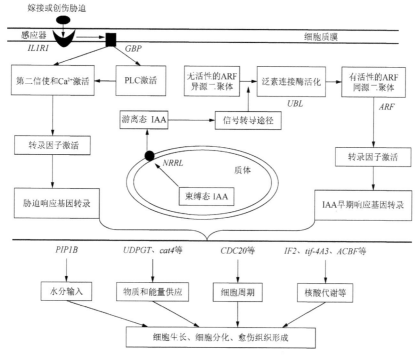

图 6.5　山核桃嫁接成活过程中细胞感受外源信号到愈伤组织形成的简单模型

斜体字表示克隆到的基因（TDFs）

6.6.1　4 个基因可能参与嫁接过程中信号转导和 IAA 运输相关基因的表达调控

水分亏缺下，一般的信号转导途径始于信号的接收，通过 GTP 和 GDP 的转换进行信号的转导，接着合成和释放短命的第二信使。第二信使可以调节细胞内 Ca^{2+} 水平，从而启动蛋白质的磷酸化级联。CaM 是公认的 Ca^{2+} 感受器，最近的研究表明 CaM 接受 Ca^{2+}，活化了 MAPK 途径。本试验中，G 蛋白（GBP）、泛素连接酶（UBL）、糖蛋白和 IL1R1 受体的上调表达谱与 IAA 的浓度变化曲线相似，说明这 4 个组分在嫁接过程中参与了信号转导。这些信号分子可能随后激活了某些编码转录因子基因的表达，转录因子又激活了 IAA 诱导的早期基因的表达（图 6.5）。

在山核桃嫁接早期，砧穗中 IAA 含量的增加是嫁接成活的关键，而 IAA 含量的增加主要通过 IAA 的合成和游离态 IAA 的释放 2 个途径来完成。大量研究表明，ABC 转运蛋白主要存在于维管束、表皮和保卫细胞中，亚细胞定位于液泡膜，通过与生长素结合蛋白的结合，可能参与对生长素运输载体蛋白的调节，从而调节胞内生长素的浓度。而山核桃嫁接后的 IAA 免疫金定位发现内源生长素大量存在于切面细胞的质体中，并随着嫁接时间的推移逐渐释放。因此在嫁接过程中，嫁接体被切断物质运输的通道后，砧穗迅速作出反应，诱导产生与 IAA 运输相关的基因。在本试验中，我们克隆到山核桃中 IAA 运输相关的蛋白、IAA 响应因子（ARF）和 ABC 转运体（NRRL），并且它们的上调表达谱与内源 IAA 浓度变化曲线相似，从而支持了通过游离态 IAA 的释放来提高内源 IAA 的浓度可能在山核桃嫁接早期维管束桥形成中起作用的观点。此外，IAA 可诱导下游生长素响应基因的表达，已报道在 IAA 诱导表达的基因中存在顺式作用元件（包含 TGTCTCTCTCTG），促进早期基因的转录诱导，最终在嫁接过程中激活 IAA 的反应，促进细胞周期蛋白的诱导表达，促进细胞的分裂、伸长生长及形成层的形成（图 6.5）。

6.6.2　水孔蛋白 PIP1B 在山核桃嫁接过程中增强表达

在山核桃嫁接过程中，IAA 的运输和释放引起生长素早期基因的诱导表达，从而可能使细胞壁更具可塑性，刺激细胞的伸长生长（图 6.5）。细胞的膨胀是靠吸收水分输入液泡来驱动的，细胞水分运输的重要成员是水孔蛋白，水孔蛋白在细胞迅速分裂和膨胀的部位富集。水孔蛋白具有短时间内改善水通透性的惊人能力。我们得到了一个水孔蛋白——PIP1B，它的增强表达（图 6.5）与细胞的伸长变化平行，暗示 PIP1B 可能在山核桃嫁接早期参与水分运输（图 6.5），从而促进接穗和砧木中水分含量的提高。

综上所述，我们克隆了 49 个山核桃嫁接成活过程中的 TDFs，其中 11 个基因可能在转录水平上与促进嫁接体形成层的形成和细胞的生长有关。从细胞感受外源信号到形成层细胞生长的简单模型见图 6.5。本实验的数据为深入研究这些基因在山核桃嫁接成活过程中促进形成层细胞的伸长生长提供了线索。

第7章 山核桃嫁接主要功能基因分析

基因是遗传物质的载体，是控制生物体性状的基本单位，山核桃嫁接成活过程中发生的形态和生理生化变化都与特定基因的调控作用密切相关。了解山核桃嫁接成活过程中关键基因的调控作用，有助于从根本上解释山核桃嫁接成活过程中发生的形态和生理生化变化，进而为揭示山核桃嫁接成活的分子机理奠定基础。基于此，本章对山核桃中生长素及细胞分裂素信号通路中的几个关键基因、调控生长素极性运输的相关基因及调控水分运输的基因进行了克隆和初步分析，并验证了其在山核桃嫁接成活过程中的可能作用，为揭示山核桃嫁接成活的分子机理提供参考。

7.1 山核桃生长素信号通路中关键基因的克隆及其在嫁接成活过程中的作用分析

生长素参与植物生长发育的许多过程，在植物的整个生命周期中都发挥着调控作用，如根和茎的发育及生长、维管束组织的形成和分化发育、器官的衰老，以及植物的向地和向光反应等。对植物愈伤组织及维管组织形成和分化的调控是生长素发挥作用的重要方面，已在多个物种中得到验证。山核桃嫁接成活过程中同样涉及嫁接接合部位愈伤组织的形成、维管组织的形成等过程，且在这些过程中内源生长素的含量明显增加，表明生长素可能在山核桃嫁接成活过程中起重要的调控作用。

生长素对植物生长发育的调控是通过一系列的信号转导途径实现的。生长素早期响应基因（early auxin-responsive genes）是生长素信号通路中起调控作用的关键基因，其表达受生长素的快速、直接调控，表达过程无需蛋白的从头合成，这类基因包括 *Aux/IAA* 基因、GH3 基因和 *SAUR* 基因等。此外，编码生长素响应因子的 *ARF* 基因在生长素信号通路中起核心调控作用。

为了解生长素早期响应基因及 *ARF* 基因等生长素信号通路中的关键基因在山核桃嫁接成活过程中的作用，目前已在山核桃中克隆得到 3 个生长素相关关键基因 *Aux/IAA*

（司马晓娇，2015）、*ARF* 和 *GH3*，并对其在山核桃嫁接成活过程中的作用进行了初步分析。

7.1.1　山核桃 *Aux/IAA* 基因的克隆及其在嫁接成活过程中的作用分析

Aux/IAA 基因编码一种通过生长素的诱导来表达的组织或发育阶段特异的蛋白家族，其编码蛋白是生长素次级响应基因表达的转录抑制因子（Guilfoyle，1998）。Aux/IAA 蛋白通常有 4 个保守的结构域，分别为结构域 I、结构域 II、结构域 III 和结构域 IV。结构域 I 含有"LxLxLx"结构（L 代表亮氨酸，leucine），与 Aux/IAA 蛋白发挥转录抑制作用有关；结构域 II 一般含有十几个氨基酸，与 Aux/IAA 蛋白自身的降解相关；结构域 III 和结构域 IV 与生长素信号通路中的另一转录因子——生长素响应因子（ARF）的结构域 III 和结构域 IV 具有同源性，该区域通过与 ARF 互作来调控生长素响应基因的表达。

Aux/IAA 蛋白在植物体内发挥作用与生长素浓度密切相关。当生长素浓度低时，Aux/IAA 蛋白通过其结构域 III 和结构域 IV 与 ARF 形成异源二聚体，抑制 ARF 对下游基因的转录调控；当生长素浓度高时，Aux/IAA 蛋白被泛素化降解，释放出 ARF，ARF 自身形成同源二聚体，调控下游基因的表达。

植物体内的 *Aux/IAA* 基因是以多基因家族的形式存在的，家族内的多个基因在植物的不同组织、不同发育时期发挥各自的作用，调控植物体的生长发育。目前已在拟南芥 [*Arabidopsis thaliana* (L.) Heynh.]、水稻（*Oryza sativa* L.）、番茄（*Lycopersicon esculentum* Mill.）、黄瓜（*Cucumis sativus* L.）、毛果杨、高粱和玉米等植物中分别发现了 29、31、26、29、35、25 和 31 个 *Aux/IAA* 基因家族成员。

Aux/IAA 蛋白具有多种生物学功能。已有研究结果表明，Aux/IAA 蛋白具有调控植物胚、根、叶的发育，细胞膨大，顶端优势，分生组织形成等作用。植物体内不同的 Aux/IAA 家族成员在不同时间和空间上发挥各自作用，共同调控整个植物体的生长发育。

1. 山核桃 *Aux/IAA* 基因全长 cDNA 的获得

以山核桃茎部 cDNA 作为扩增的模板，利用 5′-RACE、3′-RACE 和全长扩增引物进行 *Aux/IAA* 基因 PCR 扩增，结果表明，山核桃 *Aux/IAA* 基因的 5′-RACE、3′-RACE 和全长扩增产物条带大小分别在 200bp、400bp 和 600bp 左右（图 7.1）。扩增产物测序后，获得山核桃 *Aux/IAA* 基因 5′ 和 3′ 端序列及全长序列，最终得到该基因的开放阅读框（ORF）长度为 591bp，编码蛋白含 196 个氨基酸。

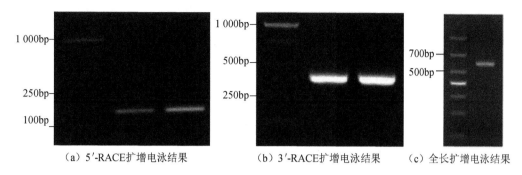

（a）5′-RACE扩增电泳结果　　　（b）3′-RACE扩增电泳结果　　（c）全长扩增电泳结果

图 7.1　山核桃 *Aux/IAA* 基因不同引物扩增电泳结果

2．山核桃 *Aux/IAA* 基因编码蛋白的序列分析

1）山核桃 Aux/IAA 蛋白与其他物种 Aux/IAA 蛋白的序列比对

氨基酸序列比对结果表明，所克隆的基因确实为山核桃 Aux/IAA 家族成员（图 7.2）。从比对结果还可以看出，山核桃 Aux/IAA 蛋白与核桃（*Juglans regia*）、可可（*Theobroma cacao*）、蓖麻（*Ricinus communis*）、番木瓜（*Carica papaya*）、荷花（*Nelumbo nucifera*）和木薯（*Manihot esculenta*）等物种中的 Aux/IAA 家族成员相似性较高，可达 67% ～ 96%，且在这些物种中的同源蛋白编号多为 IAA4，因此将山核桃中克隆得到的 *Aux/IAA* 基因定名为 *CcIAA4*，其编码蛋白命名为 CcIAA4。

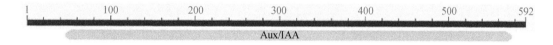

图 7.2　山核桃 Aux/IAA 蛋白与其他物种同源蛋白的 NCBI BLASTx 比对结果

2）山核桃 Aux/IAA 蛋白与其他物种 Aux/IAA 蛋白的进化关系

CcIAA4 与 18 个物种 IAA4s 的进化树分析结果表明，在 18 个物种中，山核桃（CcIAA4）与核桃（JrIAA4）IAA4 蛋白间的亲缘关系最近，而与胡萝卜（DcIAA4）、野茶树（CsIAA4）、牵牛花（InIAA4）、甜椒（CaIAA4）和烟草（NaIAA4）IAA4 蛋白的亲缘关系相对较远（图 7.3）。

3）山核桃 Aux/IAA 蛋白的氨基酸组成及理化性质分析

理化性质分析结果显示，CcIAA4 蛋白含有 196 个氨基酸，其分子量为 21.94kDa，理论等电点（pI）为 5.99，含有带负电荷的氨基酸残基（Asp 和 Glu）30 个，带正电荷的氨基酸残基（Arg 和 Lys）29 个，不稳定指数为 45.42，为不稳定蛋白（稳定蛋白的不稳定指数 <40），脂肪族氨基酸指数为 63.27。CcIAA4 由 3 049 个原子构成，分子式为 $C_{961}H_{1510}N_{266}O_{302}S_{10}$，消光系数是 31 400（$M^{-1} \cdot cm^{-1}$）。CcIAA4 含有 20 种氨基酸，其中赖氨酸（Lys）、甘氨酸（Gly）、谷氨酸（Glu）、丙氨酸（Ala）、亮氨酸（Leu）、

丝氨酸（Ser）和天冬氨酸（Asp）残基的数量较多，7 种氨基酸残基数量占氨基酸残基总数的 56.3%；CcIAA4 含组氨酸（His）、半胱氨酸（Cys）和色氨酸（Trp）残基数较少，仅为 1 个或 3 个。

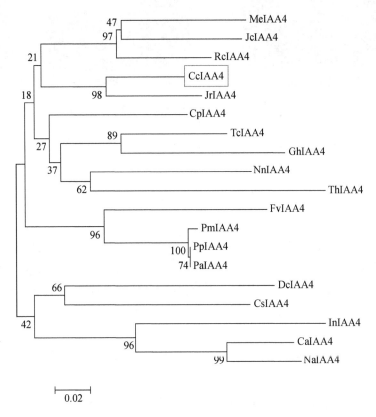

图 7.3　山核桃 Aux/IAA 蛋白 CcIAA4 与 18 个物种 IAA4s 的进化关系

亲水性 / 疏水性分析结果显示，CcIAA4 蛋白的第 102 位的值最大，为 1.133，第 27 位的值最小，为 -2.744，CcIAA4 蛋白中小于 0 的位点数显著高于大于 0 的位点数 [图 7.4（a）]，且绝对值较高，按照正值越大疏水性越强、负值越小亲水性越强的原则判断，CcIAA4 蛋白应为亲水性蛋白。跨膜性分析结果表明，CcIAA4 蛋白不包含跨膜结构域，为非跨膜蛋白 [图 7.4（b）]。CcIAA4 的二级结构中包含 62 个 α-螺旋、37 个延伸链、21 个 β-转角和 76 个无规卷曲，4 种二级结构分别占总二级结构的 31.63%、18.88%、10.71% 和 38.78% [图 7.4（c）]。

3．山核桃 *Aux/IAA* 基因在嫁接成活过程中的表达变化

基因表达分析结果显示，*CcIAA4* 基因在嫁接不同时期的山核桃砧木和接穗中呈现相同的表达变化趋势，均是嫁接后 0d 表达量最高，嫁接后 3d、7d 和 14d 表达量显著降低（图 7.5）。

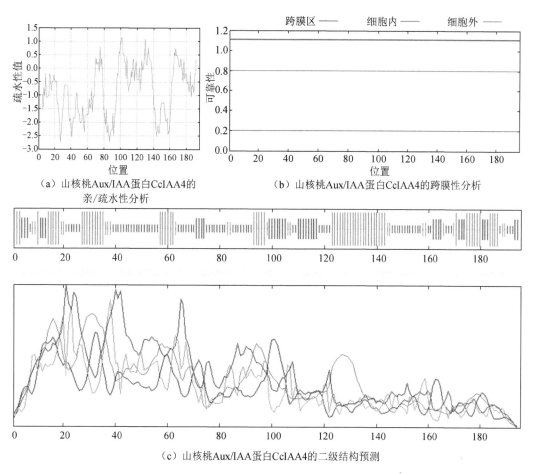

（a）山核桃Aux/IAA蛋白CcIAA4的
亲/疏水性分析

（b）山核桃Aux/IAA蛋白CcIAA4的跨膜性分析

（c）山核桃Aux/IAA蛋白CcIAA4的二级结构预测

图 7.4　山核桃 Aux/IAA 蛋白 CcIAA4 的理化性质分析

蓝色代表 α- 螺旋，红色代表延伸链，绿色代表 β- 转角，紫色代表无规卷曲

　　山核桃嫁接成活的解剖学观测结果表明，嫁接后 3d 为砧木、接穗初始粘连时期，7d 为愈伤组织形成时期，14d 为维管束桥分化时期，且嫁接后 7d 游离 IAA 含量最高（刘传荷，2008）。由于 *Aux/IAA* 基因编码的蛋白为调节生长素响应基因表达的转录抑制因子，*CcIAA4* 基因在山核桃嫁接后 3d、7d 和 14d 表达量显著降低（图 7.5），说明此时该基因对下游生长素次级响应基因的转录抑制作用被解除，使调控嫁接成活的下游基因得以表达，从而表现出一系列的形态和生理变化。*CcIAA4* 基因在山核桃嫁接不同时期的表达变化说明，该基因在山核桃嫁接成活的愈伤组织形成和维管束桥形成过程中可能起重要的调控作用。

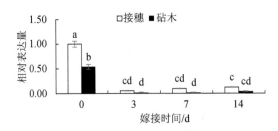

图 7.5　山核桃 *Aux/IAA* 基因 *CcIAA4* 在山核桃嫁接成活不同阶段的表达情况

嫁接后 0d 接穗为对照样本；柱形上面的小写字母代表多重比较结果，相同字母代表差异不显著，

不同字母代表差异显著（*P*<0.05）

7.1.2　山核桃 *ARF* 基因的克隆及其在嫁接成活过程中的作用分析

ARF 基因是另一个在生长素信号通路中起关键调控作用的基因，其编码的蛋白生长素响应因子（ARF）是生长素信号通路中的重要转录因子，可以通过与生长素响应基因启动子上的顺式作用元件结合直接调控基因的表达（方佳等，2012）。

所有已知高等植物的 ARF 蛋白通常由 3 个结构域组成，包括氨基端的 DNA 结合结构域（DNA-binding domain，DBD）、中间结构域（middle region，MR）和羧基端的二聚结构域（carboxy-terminal dimerization domain，CTD），也称 III、IV 结构域，与 Aux/IAA 的 III、IV 结构域同源。根据氨基酸种类的不同，可将 ARF 的中间结构域分为激活结构域（activation domain，AD）和抑制结构域（repression domain，RD）。激活结构域通常富含谷氨酰胺（glutamine，Q）、丝氨酸（serine，S）和亮氨酸（leucine，L），含该结构域的 ARF 对下游基因起转录激活作用；抑制结构域通常富含丝氨酸（serine，S）、脯氨酸（proline，P）和亮氨酸（leucine，L），含该结构域的 ARF 对下游基因起转录抑制作用。

ARF 对基因表达的调控作用与生长素的浓度密切相关。当生长素浓度低时，ARF 与 Aux/IAA 在 III、IV 结构域可形成异源二聚体，转录抑制因子 Aux/IAA 与 ARF 的相互作用使得 ARF 不能与其调控基因启动子区的顺式作用元件结合，不能调控基因的表达；当生长素浓度高时，Aux/IAA 被泛素化降解，ARF 自身可形成同源二聚体，并通过其 DBD 结构域与生长素响应基因启动子区的顺式作用元件结合，激活或抑制相关基因的表达。

ARF 基因是以多基因家族形式存在的，目前已在拟南芥、水稻、玉米、葡萄、杨树、黄瓜、木瓜、茶树和番茄等物种中分别发现了 23、25、31、19、39、18、11、15 和 17 个 *ARF* 基因家族成员。

ARF 在植物生长发育过程中具有多重生物学作用。研究表明，ARF 家族不同成员可以调控拟南芥种子的萌发、胚的生长、根和叶的发育、花及花器官的发育及果实的发育；水稻 ARF 家族成员可以调控根的伸长、磷饥饿响应和叶片夹角；番茄 ARF 家族成员可以调控果实发育和细胞分裂。可见，ARF 家族成员在不同组织、不同发育阶段对植物起调控作用。

1. 山核桃 *ARF* 基因全长 cDNA 的获得

以山核桃茎部 cDNA 为模板，用山核桃 *ARF* 基因全长扩增引物［F（正向引物）：GCTGTTGTTGTGTTCCGAGGTTATTCTG，R（反向引物）：CCCTGAAGTAGTGTCAAATCATTC］进行 PCR 扩增。扩增结果显示，得到的扩增产物条带大小均在 2 500bp 左右（图 7.6）。测序结果表明，山核桃 *ARF* 基因的开放阅读框长度为 2 337bp，编码 778 个氨基酸（方佳，2013）。

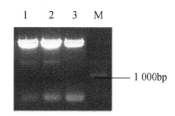

图 7.6　山核桃 *ARF* 基因全长扩增琼脂糖凝胶电泳检测结果

2. 山核桃 *ARF* 基因编码蛋白的序列分析

1）山核桃 ARF 蛋白的功能结构域预测

利用 NCBI BLAST 在线网站预测山核桃 ARF 蛋白的功能结构域，分析结果见图 7.7。从图中可以看出，山核桃 ARF 蛋白的氨基端含有 B3-DNA 结合结构域，中间含有 ARF 蛋白保守结构域，羧基端含有与 Aux/IAA 同源的 III、IV 结构域，这些功能结构域说明我们验证得到的序列确实属于 *ARF* 基因家族成员。

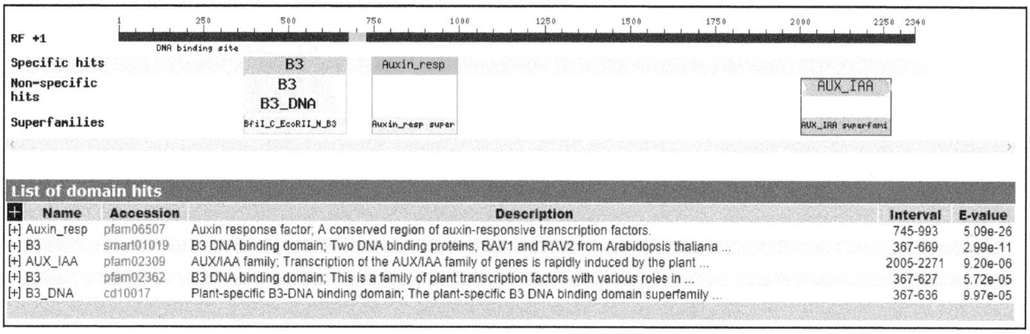

图 7.7　山核桃 ARF 蛋白的功能结构域预测结果

2）山核桃 ARF 蛋白与其他物种 ARF 蛋白的序列比对

不同物种 ARF 蛋白的氨基酸序列比对结果表明，山核桃 ARF 蛋白与 6 个核桃 ARF 蛋白的相似度较高，可达 74%～95%；与其他物种的相似度基本在 75% 左右，且在这些物种中的同源蛋白编号多为 ARF2，因此将山核桃中克隆得到的 *ARF* 基因定名为 *CcARF2*，其编码蛋白命名为 CcARF2。

3）山核桃 ARF 蛋白与其他物种 ARF 蛋白的进化关系

CcARF2 与其他 24 个物种 ARF2s 间的进化关系分析结果表明，在 24 个物种中，山核桃（CcARF2）与核桃 ARF2 蛋白（JrARF2）间的亲缘关系最近，与枣（ZjARF2）、可可（TcARF2）、蓖麻（RcARF2）及毛白杨（PtARF2）ARF2 蛋白的亲缘关系相对较近，而与其他物种 ARF2 蛋白间的亲缘关系相对较远（图 7.8）。

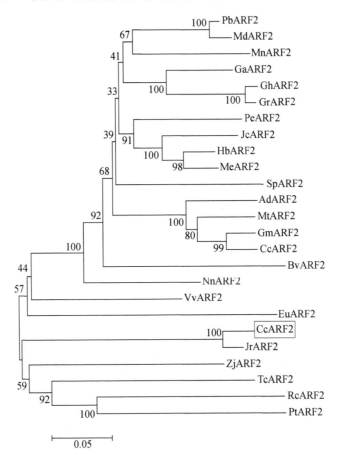

图 7.8　山核桃 ARF 蛋白 CcARF2 与 24 个物种 ARF2 蛋白的进化关系

4）山核桃 ARF 蛋白的氨基酸组成及理化性质分析

理化性质分析结果显示，CcARF2 蛋白含有 778 个氨基酸，其分子量为 87.50kDa，理论等电点（pI）为 6.34，含有带负电荷的氨基酸残基（Asp 和 Glu）97 个，带正电荷的氨基酸残基（Arg 和 Lys）89 个，不稳定指数为 62.81，为不稳定蛋白（稳定蛋白的不稳定指数 <40），脂肪族氨基酸指数为 67.89。CcARF2 由 12 146 个原子构成，分子式为 $C_{3831}H_{6006}N_{1094}O_{1173}S_{42}$，消光系数是 84 630（$M^{-1} \cdot cm^{-1}$）。CcARF2 含有 20 种氨基

酸，其中丝氨酸（Ser）、亮氨酸（Leu）、脯氨酸（Pro）、谷氨酸（Glu）、缬氨酸（Val）和精氨酸（Arg）的数量较多，6 种氨基酸残基数量占氨基酸残基总数的 44.6%；半胱氨酸（Cys）、色氨酸（Trp）和苏氨酸（Tyr）残基数较少，三者共占氨基酸残基总数的 4.7%。

亲水性 / 疏水性分析结果显示，CcARF2 的第 414 和 415 位氨基酸残基的疏水性值最大，为 1.944，第 370 位的值最小，为 -2.711；CcARF2 蛋白中小于 0 的位点数显著高于大于 0 的位点数，且绝对值较高 [图 7.9（a）]。按照正值越大疏水性越强、负值越小亲水性越强的原则判断，CcARF2 蛋白应为亲水性蛋白。跨膜性分析结果显示，CcARF2 蛋白不包含跨膜结构域，为非跨膜蛋白 [图 7.9（b）]。CcARF2 的二级结构中包含 185 个 α-螺旋、173 个延伸链、59 个 β-转角和 361 个无规卷曲，4 种二级结构分别占总二级结构的 23.78%、22.24%、7.58% 和 46.40% [图 7.9（c）]。

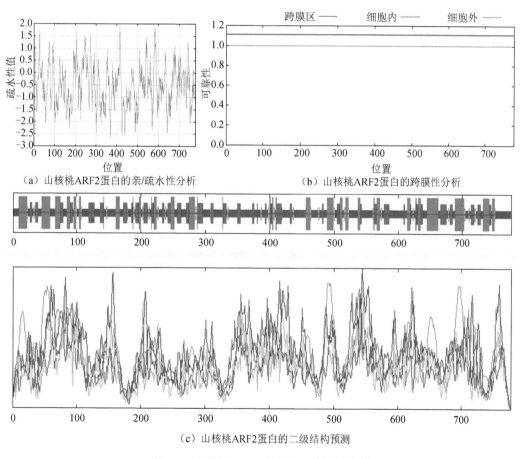

（a）山核桃ARF2蛋白的亲/疏水性分析　　　　（b）山核桃ARF2蛋白的跨膜性分析

（c）山核桃ARF2蛋白的二级结构预测

图 7.9　山核桃 ARF2 蛋白的理化性质分析

蓝色代表 α-螺旋，红色代表延伸链，绿色代表 β-转角，紫色代表无规卷曲

3．山核桃 *ARF* 基因在嫁接成活过程中的转录水平表达变化

CcARF2 基因在山核桃嫁接成活不同阶段表达的分析结果表明，在对照组中[图 7.10（a）]，*CcARF2* 基因在砧木中的表达量在嫁接后 1d 上升了 78.37%；随后开始下降，嫁接后 5d 表达量降到最低，仅为嫁接前（0d）的 32.74%；嫁接后 7d 表达量急剧增加，为嫁接前的 3.06 倍；嫁接后 14d 表达量达最高值，为嫁接前的 7.1 倍。在接穗中，*CcARF2* 基因在嫁接后前 3d 表达量持续降低，嫁接后 3d 表达量为嫁接前的 41.68%；嫁接后 5d 基因表达量有一个短暂增加的趋势，但尚未达到嫁接前水平；嫁接后 7d 表达量再次降低，与嫁接后 3d 表达量相当；嫁接后 14d 表达量迅速增加，达到嫁接前的 3.67 倍。从砧木和接穗间 *CcARF2* 基因的表达量来看，除嫁接后 7d 以外，接穗中 *CcARF2* 基因的表达量高于砧木中的表达量。

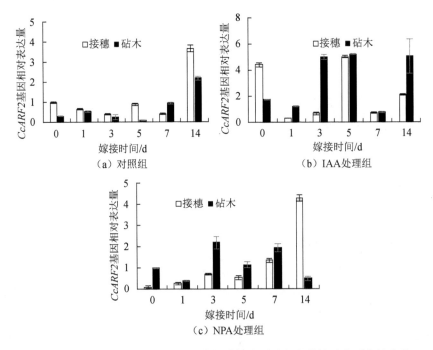

图 7.10　山核桃 *CcARF2* 基因在山核桃嫁接成活过程中的转录水平表达变化

在 IAA 处理组中 [图 7.10（b）]，*CcARF2* 基因在砧木中的表达量在嫁接后 1d 降低了 29.59%；嫁接后 3d 和 5d 表达量迅速增加，分别为嫁接前（0d）的 2.93 倍和 3.05 倍；嫁接后 7d 表达量迅速降到最低，仅为嫁接前的 41.39%；嫁接后 14d 表达量再次上升，为嫁接前的 2.96 倍。在接穗中，*CcARF2* 基因在嫁接后 1d 表达量迅速降到最低，仅为 0d 的 6.41%；嫁接后 3d 表达量略有上升，为嫁接前的 14.63%；嫁接后 5d 表达量迅速增加，为 0d 水平的 1.14 倍；嫁接后 7d 表达量再次降低，与嫁接后 3d 表达量相当；嫁接后 14d 表达量再次增加，为嫁接前的 47.52%。

在 NPA 处理组中［图 7.10（c）］，*CcARF2* 基因在砧木中的表达量在嫁接后 1d 降低了 61.58%；嫁接后 3d 表达量迅速增加并达最大值，为嫁接前（0d）2.2 倍；嫁接后 5d 表达量有所降低，为嫁接前的 1.14 倍；嫁接后 7d 表达量再次上升，为嫁接前的 1.95 倍；嫁接后 14d 表达量大幅下降，仅为嫁接前的 48.91%。在接穗中，*CcARF2* 基因在嫁接后前 3d 表达量缓慢上升；嫁接后 5d 表达量略有下降；嫁接后 7d 表达量迅速增加，为 0d 时的 14.72 倍；嫁接后 14d 表达量达最大值，为 0d 表达量的 47.18 倍。整体而言，除嫁接后 14d 外，砧木中 *CcARF2* 基因的表达量高于接穗中的表达量。

ARF 为生长素信号通路中最重要的转录因子，对许多生长素响应基因的表达起调控作用。在山核桃嫁接的不同时期，*CcARF2* 基因在转录水平上的表达变化显著，说明该基因可能在山核桃嫁接成活过程中起重要作用。

4. 山核桃 *ARF* 基因在嫁接成活过程中翻译水平表达的变化

山核桃嫁接过程中，*CcARF2* 基因在翻译水平的表达见图 7.11，在嫁接的不同处理、不同时期，该基因的表达量是不相同的。在对照组，无论在砧木还是在接穗，山核桃 CcARF2 蛋白的表达量在整个嫁接过程中都比较低，但接穗中的表达量比砧木中的高。用 IAA 处理，山核桃 CcARF2 蛋白的表达量在整个嫁接过程中都比较高，但接穗中 CcARF2 蛋白的表达量明显高于砧木。在接穗中，山核桃 CcARF2 蛋白在嫁接前有一定的表达，随着嫁接时间的延长，CcARF2 蛋白的表达量逐渐增加，至嫁接后 14d，CcARF2 蛋白还有较高的表达；在砧木中，山核桃 CcARF2 蛋白在嫁接前有少量的表达，随着嫁接时间的延长，CcARF2 蛋白的表达量逐渐增加，至嫁接后 7d，CcARF2 蛋白的表达量达到最高，嫁接后 14d，CcARF2 蛋白的表达量明显下降。在 NPA 处理组，CcARF2 蛋白在接穗中的表达量高于砧木，在嫁接后 7d 的接穗中表达量最高。NPA 处理组 CcARF2 蛋白在整个嫁接成活过程中的表达量显著低于 IAA 处理组，说明 NPA 处理可明显抑制 CcARF2 蛋白的作用。山核桃嫁接的不同时期，*CcARF2* 基因在翻译水平上的表达变化显著，说明该基因可能在山核桃嫁接成活过程中起重要作用。

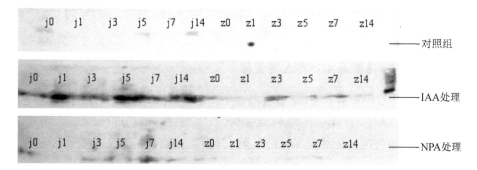

图 7.11　山核桃 *CcARF2* 基因在山核桃嫁接成活过程中的翻译水平表达变化

j 代表接穗，z 代表砧木；数字代表嫁接后天数（d）

7.1.3　山核桃 *GH3* 基因的克隆及其在嫁接成活过程中的作用分析

GH3（Gretchen Hagen 3）基因是一种重要的生长素早期响应基因，其编码蛋白与 Aux/IAA、ARF 等蛋白在植物生长素信号途径中起着重要作用。

在结构方面，有研究表明许多 *GH3* 基因的启动子区都包含序列为 TGTCTC 的生长素响应元件（*AuxRE*），但也有研究表明部分 *GH3* 基因启动子区的生长素响应元件被 TGTCAC 代替，还有研究发现 *GH3* 基因启动子区除包含生长素响应元件外，还包含其他植物激素及生物与非生物胁迫响应元件。部分 ARF 可以与 *GH3* 基因启动子区的生长素响应元件结合，启动生长素响应基因的表达。基于 MEME 对多个物种 *GH3* 基因编码氨基酸的序列分析发现，大部分 *GH3* 基因编码蛋白具有 3 个高度保守的基序，且这 3 个基序在不同物种 GH3 蛋白上的排列顺序相同，但也有部分 GH3 蛋白缺乏 1 或 2 个基序。不同物种 GH3 蛋白的保守区域可能与该类蛋白发挥特定的生物学功能密切相关。

与 *Aux/IAA* 和 *ARF* 基因一样，*GH3* 基因也是家族基因，包含多个成员。目前已在拟南芥、水稻、毛白杨、葡萄和苜蓿中分别发现了 19、14、14、9 和 3 个 *GH3* 基因家族成员。基于基因组分析结果表明，*GH3* 基因家族成员在这些物种的染色体上呈现不均匀分布，主要分布在几条染色体上，在其他染色体上分布很少或没有分布。组织特异性表达分析结果表明，*GH3* 基因家族成员在植物不同组织中的表达量不同，家族中的不同成员可能在特定的组织和发育阶段对植物的生长发育起调控作用。

GH3 基因编码的蛋白具有多种生物学功能，如拟南芥的 FIN219（即 *AtGH3.11* 基因编码的蛋白）是光敏色素 A（phyA）途径的一个组分，与植物光形态建成有关；*OsJar1* 基因在水稻的光形态建成过程中能同时调控光信号和茉莉酸信号途径。目前研究结果已确定，一些 GH3 蛋白能催化游离 IAA 与氨基酸的结合反应，从而形成低分子量的 IAA-Ala、IAA-Asp、IAA-Glu 和 IAA-Leu 等束缚态 IAA，因此，GH3 蛋白可通过将 IAA 氨基酸化来降低植物体内游离 IAA 浓度，进而发挥对植物生长发育的调控作用。此外，一些 GH3 蛋白具有催化水杨酸（SA）、IAA 或茉莉酸（JA）腺苷化的功能。

1. 山核桃 *GH3* 基因全长 cDNA 的获得

以山核桃茎部 cDNA 为模板，用山核桃 *GH3* 基因全长扩增引物（F: ATGGAAGAGTTTGACCCGGAGAAAG，R: CTAGAAAGCAGTACTGAAGTAGCT）进行 PCR 扩增（图7.12）。扩增产物测序结果表明，山核桃 *GH3* 基因的开放阅读框长度为 1 746bp，编码 581 个氨基酸。

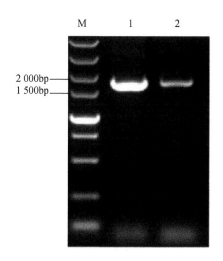

图 7.12　山核桃 *GH3* 基因全长克隆琼脂糖凝胶电泳检测结果

M 代表 DL 5 000bp DNA Marker，1 和 2 代表 2 个重复

2．山核桃 *GH3* 基因编码蛋白的序列分析

1）山核桃 GH3 蛋白的功能结构域预测

利用 NCBI BLAST 在线网站预测山核桃 GH3 蛋白的功能结构域，分析结果见图 7.13。从图中可以看出，验证得到的核苷酸序列确实编码 GH3 蛋白家族成员，且该 GH3 蛋白可能具有催化 IAA 由游离态变为束缚态的功能。

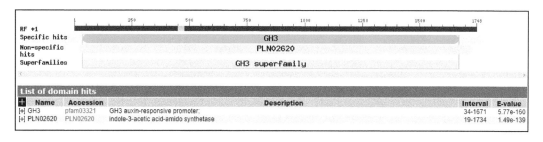

图 7.13　山核桃 GH3 蛋白的功能结构域预测结果

2）山核桃 GH3 蛋白与其他物种 GH3 蛋白的序列比对

不同物种 GH3 蛋白的氨基酸序列比对结果显示，山核桃 GH3 蛋白与核桃 JrJAR1 蛋白的相似度较高，可达 96%，与其他物种 GH3 蛋白的相似度基本在 77% 以上，且在这些物种中的同源蛋白编号多为 GH3.5，因此将山核桃中克隆得到的 *GH3* 基因定名为 *CcGH3.5*，其编码蛋白命名为 CcGH3.5。

3）山核桃 GH3 蛋白与其他物种 GH3 蛋白的进化关系

CcGH3.5 与 20 个物种 GH3 蛋白间的进化关系结果显示，在 20 个物种中，山核桃

（CcGH3.5）与核桃 GH3 蛋白（JrJAR1）间的亲缘关系最近，与赤豆（VaJAR1）和绿豆（VrGH3.5）GH3 蛋白间的亲缘关系较近，而与其他物种 GH3 蛋白间的亲缘关系相对较远（图 7.14）。

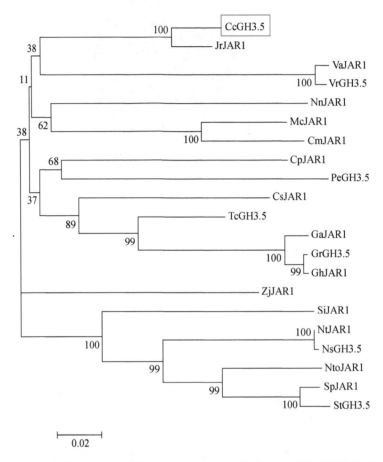

图 7.14　山核桃 GH3.5 蛋白 CcGH3.5 与 20 个物种 GH3 蛋白的进化关系

4）山核桃 GH3 蛋白的氨基酸组成及理化性质分析

理化性质分析结果显示，CcGH3.5 蛋白含有 581 个氨基酸，其分子量为 65.44 kDa，理论等电点（pI）为 5.22，含有带负电荷的氨基酸残基（Asp 和 Glu）76 个，带正电荷的氨基酸残基（Arg 和 Lys）56 个，不稳定指数为 40.19，为不稳定蛋白（稳定蛋白的不稳定指数 <40），脂肪族氨基酸指数为 85.71。CcGH3.5 由 9 177 个原子构成，分子式为 $C_{2953}H_{4566}N_{758}O_{878}S_{22}$，消光系数是 59 540（$M^{-1}\cdot cm^{-1}$）。CcGH3.5 含有 20 种氨基酸，其中亮氨酸（Leu）、谷氨酸（Glu）、丝氨酸（Ser）和甘氨酸（Gly）的数量较多，4 种氨基酸残基数量占氨基酸残基总数的 32%；半胱氨酸（Cys）、组氨酸（His）、甲硫氨酸（Met）和色氨酸（Trp）残基数较少，四者共占氨基酸残基总数的 6.9%。

CcGH3.5 蛋白的亲水性 / 疏水性结果显示，第 201 位氨基酸残基的疏水性值最大，为 2.233，第 444 位的值最小，为 −2.467；CcGH3.5 蛋白中小于 0 的位点数显著高于大于 0 的位点数，且绝对值较高 [图 7.15（a）]。按照正值越大疏水性越强、负值越小亲水性越强的原则判断，CcGH3.5 蛋白应为亲水性蛋白。跨膜性分析结果显示，CcGH3.5 蛋白不包含跨膜结构域，为非跨膜蛋白 [图 7.15（b）]。CcGH3.5 的二级结构中包含 234 个 α- 螺旋、106 个延伸链、42 个 β- 转角和 199 个无规卷曲，4 种二级结构分别占总二级结构的 40.28%、18.24%、7.23% 和 34.25% [图 7.15（c）]。

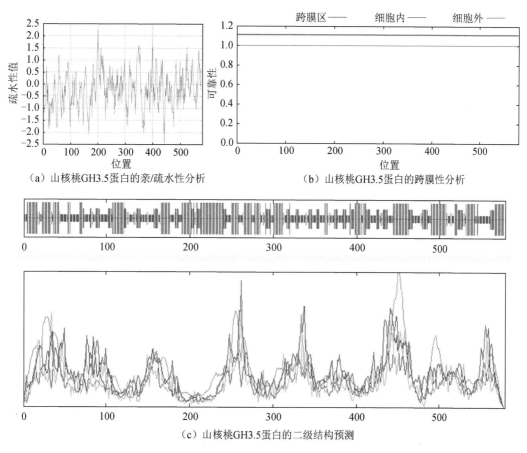

（a）山核桃GH3.5蛋白的亲/疏水性分析　　　　　（b）山核桃GH3.5蛋白的跨膜性分析

（c）山核桃GH3.5蛋白的二级结构预测

图 7.15　山核桃 GH3.5 蛋白的理化性质分析

蓝色代表 α- 螺旋，红色代表延伸链，绿色代表 β- 转角，紫色代表无规卷曲

3. 山核桃 *GH3* 基因在嫁接成活过程中的表达变化

基因表达分析结果显示，*CcGH3.5* 基因在不同嫁接时期的山核桃砧木和接穗中呈现的表达变化趋势不同。在接穗中，嫁接后 3d *CcGH3.5* 基因的表达量显著增加；嫁接

后 7d 表达量略有降低，但仍高于 0d 水平；嫁接后 14d 表达量迅速增加（图 7.16）。在砧木中 *CcGH3.5* 基因的表达量呈现先下降后上升的趋势，嫁接后 3d 和 7d 表达量基本相同，但明显低于 0d 表达量；嫁接后 14d 表达量上升，但略低于嫁接后 0d 的表达量（图 7.16）。整体来看，除嫁接后 0d 外，接穗中基因的表达量均高于砧木（图 7.16）。

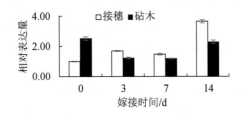

图 7.16　山核桃 *CcGH3.5* 基因在嫁接成活过程中的表达变化

　　根据功能预测，*CcGH3.5* 基因编码的蛋白可能为催化 IAA 氨基酸化的酶。在山核桃嫁接成活过程中，由于受到嫁接损伤的胁迫，接穗中会重新合成新的生长素，当游离生长素浓度较高时，CcGH3.5 酶则催化游离的 IAA 与氨基酸结合，从而降低游离生长素的浓度。因此，*CcGH3.5* 基因在嫁接后接穗中的表达量提高。在砧木中，由于受嫁接胁迫损伤的影响，接穗中合成的生长素在砧木和接穗连通前无法运输到砧木中，但此时又需要生长素来促进伤口的愈合，只能利用砧木中原有的生长素，嫁接后 3d 和 7d *CcGH3.5* 基因在砧木中的表达量降低，说明此时 CcGH3.5 酶的活性降低，游离 IAA 的浓度升高，从而促进嫁接伤口的愈合。*CcGH3.5* 基因在山核桃嫁接不同时期的表达变化说明它可能在山核桃嫁接成活过程中起重要调控作用。

7.2　山核桃生长素运输相关基因的克隆及其在嫁接成活过程中的作用分析

　　生长素是调控植物生长发育的重要激素，在植物体内具有多方面的调节作用。生长素可以在细胞分裂、愈伤组织形成、维管束分化和维持植物的顶端优势等方面对植物生长发育起促进作用，也可以在花脱落、侧枝生长和叶片衰老等方面对植物生长发育起抑制作用。

　　生长素在植物体内生长活跃的部位合成后，需要运输到作用部位才能发挥作用。高等植物的生长素有两种运输方式，一种是通过成熟维管组织的无定向、快速的被动运输，另一种是通过维管束形成层和韧皮部薄壁细胞的单方向、短距离（细胞间）和依赖于载体的极性运输。

　　生长素极性运输是指生长素从形态学上端向形态学下端的运输，它是以载体为媒介的主动运输过程。现有研究结果表明，负责生长素运输的载体包括 AUX/LAX（auxin resistant 1/likeAUX 1）、PIN（pin-formed）和 ABCB（ATP-binding cassette subfamily B）3 个蛋白家族。AUX/LAX 蛋白是生长素输入载体，介导生长素从细胞顶端向细胞内输入；PIN 蛋白是生长素输出载体，介导生长素从细胞基部向细胞外输出；ABCB 蛋白是除 PIN 外的另一个生长素输出载体，与 PIN 蛋白一起介导生长素从细胞内向细胞外运输。

我们前期研究结果表明，生长素对山核桃嫁接起重要调控作用。本节克隆了山核桃编码 AUX/LAX、PIN 和 ABCB 蛋白的基因，并对其在山核桃嫁接成活过程中的表达情况进行初步分析（Kumar et al., 2017），以期揭示生长素运输载体在山核桃嫁接成活过程中作用的分子机制。

7.2.1　山核桃 *AUX/LAX* 基因的克隆及其在嫁接成活过程中的作用分析

AUX/LAX 基因是与生长素极性运输相关的基因，其编码蛋白是生长素输入载体，在生长素从胞外向胞内的运输中起主要作用。

拟南芥的 *AUX1* 基因是高等植物中第一个被发现的生长素输入载体基因，它编码的 AUX1 蛋白具有 11 个跨膜结构，氨基端在胞内、羧基端在胞外。AUX1 能调节根中生长素的向基性运输和向顶性运输，*AUX1* 基因的突变体表现出根向地性的丧失。除 *AUX1* 以外，在拟南芥中发现了 *AUX/LAX* 基因家族的另外 3 个成员 *LAX1*、*LAX2* 和 *LAX3*，它们之间形成互补的表达模式，在调控拟南芥生长素响应中发挥重要作用。有证据表明，4 个拟南芥 *AUX/LAX* 基因可能由共同的祖先复制而来，它们在基因结构上高度保守，编码蛋白 AUX1 与 LAX1、LAX2 和 LAX3 的序列相似度分别为 82%、78% 和 76%。

除拟南芥以外，目前也在水稻、杨树和大豆等多个物种中开展了生长素输入载体的相关研究，为我们研究山核桃 *AUX/LAX* 家族基因提供了重要参考。

1．山核桃 *AUX/LAX* 基因全长 cDNA 的获得

以山核桃茎部 cDNA 为模板，用全长扩增引物（F：ATGTGTAGTGACAGATTCATACCTT，R：TCAGTGATGAGGGGCTGCTGCTGCT）进行 PCR 扩增，扩增产物的电泳检测结果见图 7.17。可以看出，PCR 扩增产物条带大小稍大于 2 000bp。扩增产物测序结果表明，山核桃 *AUX/LAX* 基因的开放阅读框长度为 2 112bp，编码 703 个氨基酸。

2．山核桃 *AUX/LAX* 基因编码蛋白的序列分析

1）山核桃 AUX/LAX 蛋白的功能结构域预测

山核桃 AUX/LUX 蛋白的功能结构域分析结果表明，山核桃 *AUX/LAX* 基因编码的蛋白为生长素输入载体（图 7.18）。

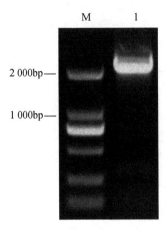

图 7.17　山核桃 *AUX/LAX* 基因全长克隆琼脂糖凝胶电泳检测结果

M 代表 DNA Marker，1 代表 *AUX/LAX* 基因扩增条带

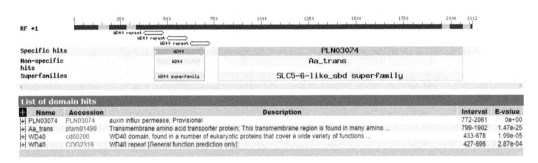

图 7.18　山核桃 AUX/LAX 蛋白的功能结构域预测结果

2）山核桃 AUX/LAX 蛋白与其他物种 AUX/LAX 蛋白的序列比对

山核桃 AUX/LAX 蛋白与其他物种 AUX/LAX 蛋白的氨基酸序列比对结果表明，山核桃 AUX/LAX 蛋白与核桃 AUX/LAX 蛋白的相似度较高，可达 98%，与其他物种该蛋白的相似度也在 90% 以上，说明从山核桃克隆得到的基因确实编码 AUX/LAX 蛋白。

3）山核桃 AUX/LAX 蛋白与其他物种 AUX/LAX 蛋白的进化分析

从 NCBI 网站下载与 CcAUX/LAX 相似度大于 90% 的 18 个物种的 AUX/LAX 蛋白氨基酸序列，用 MEGA 5.1 软件构建不同物种 AUX/LAX 蛋白的进化树，分析 CcAUX/LAX 与 18 个物种 AUX/LAX 蛋白间的进化关系。从结果可以看出，在 18 个物种中，山核桃（CcAUX/LAX）与核桃 AUX/LAX 蛋白（JrAUX/LAX）间的亲缘关系最近，与木麻黄（CgAUX/LAX）、碧桃（PpAUX/LAX）和甜樱桃（PaAUX/LAX）AUX/LAX 蛋白间的亲缘关系较近，与其他物种 AUX/LAX 蛋白间的亲缘关系相对较远（图 7.19）。

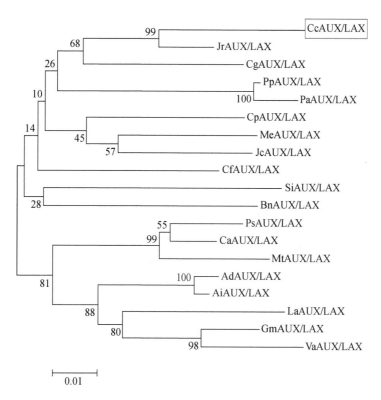

图 7.19　山核桃 AUX/LAX 蛋白与 18 个物种 AUX/LAX 蛋白的进化关系

4）山核桃 AUX/LAX 蛋白的氨基酸组成及理化性质分析

理化性质分析结果显示，CcAUX/LAX 蛋白含有 703 个氨基酸，分子量为 78.33kDa，理论等电点（pI）为 9.16，含有带负电荷的氨基酸残基（Asp 和 Glu）39 个，带正电荷的氨基酸残基（Arg 和 Lys）57 个，不稳定指数为 33.71，为稳定蛋白（稳定蛋白的不稳定指数 <40），脂肪族氨基酸指数为 88.59。CcAUX/LAX 由 11 009 个原子构成，分子式为 $C_{3619}H_{5471}N_{921}O_{968}S_{30}$，消光系数是 158 220（$M^{-1} \cdot cm^{-1}$）。CcAUX/LAX 含有 20 种氨基酸，其中亮氨酸（Leu）、缬氨酸（Val）、丝氨酸（Ser）、丙氨酸（Ala）和甘氨酸（Gly）的数量较多，5 种氨基酸残基数量占氨基酸残基总数的 41%；组氨酸（His）、谷氨酸（Glu）、半胱氨酸（Cys）和甲硫氨酸（Met）残基数较少，共占氨基酸残基总数的 9.53%。

亲水性 / 疏水性分析结果显示，CcAUX/LAX 蛋白的第 654 位疏水性值最大，为 3.467，第 327 和 328 位的值最小，为 -3.267；CcAUX/LAX 蛋白中疏水性值小于 0 的位点数显著高于大于 0 的位点数，且绝对值较高 [图 7.20（a）]。按照正值越大疏水性越强、负值越小亲水性越强的原则判断，CcAUX/LAX 蛋白的氨基端以亲水性氨基酸为主、羧基端以疏水性氨基酸为主。跨膜结构域分析结果显示，CcAUX/LAX 蛋白包含 10 个跨膜结构域，为跨膜蛋白 [图 7.20（b）]，具有跨膜结构域是 CcAUX/LAX 蛋白具有跨膜运输功能的结构基础。CcAUX/LAX 的二级结构中包含 196 个 α- 螺旋、197 个延伸链、59 个 β- 转角和 251 个无规卷曲，4 种二级结构分别占总二级结构的 27.88%、28.02%、8.39% 和 35.70%［图 7.20（c）］。结合二级结构和亲 / 疏水性结果可以发现，CcAUX/LAX 蛋白的羧基端含有多个密集的 α- 螺旋区域，因此其在这些区域具有多个跨膜结构域。

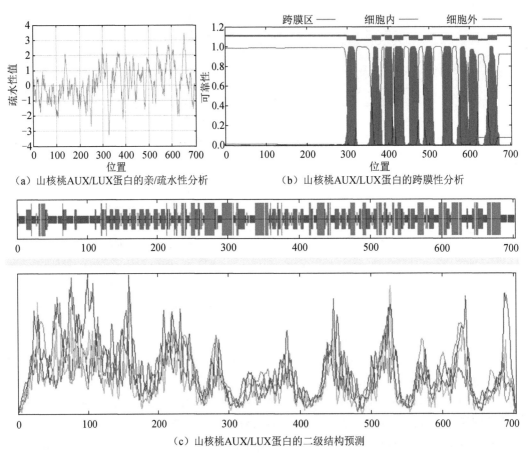

（a）山核桃AUX/LUX蛋白的亲/疏水性分析　　（b）山核桃AUX/LUX蛋白的跨膜性分析

（c）山核桃AUX/LUX蛋白的二级结构预测

图 7.20　山核桃 AUX/LAX 蛋白的理化性质分析

蓝色代表 α- 螺旋，红色代表延伸链，绿色代表 β- 转角，紫色代表无规卷曲

3. 山核桃 *AUX/LAX* 基因在嫁接成活过程中的表达变化

以不同处理、不同嫁接时间山核桃砧木和接穗的 cDNA 为模板，用验证后的定量引物（F：TGGTGCTTGCTGTGCTACTAC，R：TAGTTTTGTTGGCGCCGAATG），用 Takara 公司的 SYBR Premix Ex TaqTMII（Tli RnaseH Plus）体系进行 *CcAUX/LAX* 基因的荧光定量 PCR 扩增，检测 *CcAUX/LAX* 基因在山核桃嫁接成活不同阶段的表达变化。结果显示，*CcAUX/LAX* 基因在不同处理、不同嫁接时期的山核桃砧木和接穗中表达变

化趋势不同（图 7.21）。在对照组砧木中，*CcAUX/LAX* 基因仅在嫁接后 3d 表达量上升并达到最大值；嫁接后 7d 和 14d 表达量下降，且低于嫁接 0d 的表达量。在对照组接穗中，*CcAUX/LAX* 基因在嫁接后 3d 和 7d 表达量持续增加，嫁接后 7d 表达量达最大值；嫁接后 14d 表达量下降，但仍高于嫁接 0d 的表达水平（图 7.21）。

在 IAA 处理组砧木中，嫁接后 3d *CcAUX/LAX* 基因的表达量显著降低；嫁接 7d 和 14d *CcAUX/LAX* 基因的表达量开始逐步上升，嫁接后 14d 的表达量高于对照组。在 IAA 处理组接穗中，*CcAUX/LAX* 基因的表达量随着嫁接时间的延长呈现显著增加的趋势，嫁接后 14d 基因的表达量达到所有材料中的最大值（图 7.21）。

在 NPA 处理组砧木中，嫁接后 3d 和 7d *CcAUX/LAX* 基因的表达量持续降低，嫁接后 7d 基因的表达量达最低值，仅为对照组 0d 砧木样本的 30% 左右；嫁接后 14d 基因的表达量虽呈上升趋势，仍显著低于对照组 0d 砧木样本的表达量。在 NPA 处理组接穗中，*CcAUX/LAX* 基因的表达量随着嫁接时间的延长呈显著增加的趋势，嫁接后 14d 基因的表达量达到最大值（图 7.21）。

整体而言，除嫁接后 3d 对照组和嫁接后 14d IAA 处理组砧木中 *CcAUX/LAX* 基因的表达量高于对照组 0d 砧木中的以外，砧木样本中该基因的表达量都低于对照组 0d 砧木中的表达量。而在接穗中，嫁接后 3d、7d 和 14d 各处理组 *CcAUX/LAX* 基因的表达量均高于对照组嫁接 0d 接穗中基因的表达量。在山核桃嫁接成活过程中，需要生长素参与调控愈伤组织的形成和维管束桥的形成及分化。*CcAUX/LAX* 基因编码蛋白为生长素输入载体，*CcAUX/LAX* 基因在嫁接后接穗中表达量明显升高意味着生长素输入载体的增加，从而将更多的生长素带入细胞，使嫁接体更容易成活。因此，与砧木相比，接穗可能在山核桃嫁接成活过程中起更重要的作用。

从不同处理之间的比较来看，除嫁接后 3d 以外，IAA 处理组砧木中 *CcAUX/LAX* 基因的表达量均高于对照组；NPA 处理组砧木中的基因表达量均低于对照组。在接穗中，嫁接后 3d 各处理组 *CcAUX/LAX* 基因的表达量无显著差异；嫁接后 7d，IAA 处理组的基因表达量显著高于对照组，NPA 处理组的表达量显著低于对照组；嫁接后 14d，IAA 处理组和 NPA 处理组的基因表达量均显著高于对照组，IAA 处理组的基因表达量最高（图 7.21）。对不同处理下山核桃嫁接成活率的统计结果表明，IAA 处理组的山核桃嫁接成活率显著高于对照组，NPA 处理组的嫁接成活率显著低于对照组。在山核桃嫁接成活的愈伤组织形成（7d）和维管束桥形成（14d）关键时期，*CcAUX/LAX* 基因在 IAA 处理组中表达量最高，在 NPA 处理组中表达量最低，这说明 *CcAUX/LAX* 基因及其编码蛋白介导的生长素向细胞内输入程度可能在调控山核桃嫁接成活方面起重要作用。

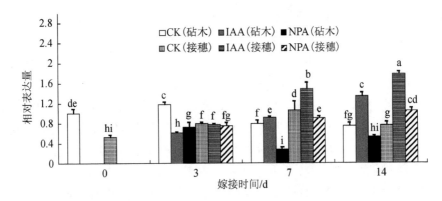

图 7.21　山核桃 *AUX/LAX* 基因在嫁接成活过程中的表达变化

CK 代表未处理，IAA 和 NPA 分别代表用 IAA 和 NPA 处理；柱形上面的小写字母代表多重比较结果，相同字母代表差异不显著，不同字母代表差异显著（$P<0.05$）

7.2.2　山核桃 *PIN* 基因的克隆及其在嫁接成活过程中的作用分析

PIN 基因是与生长素运输相关的另一基因（Guo et al., 2017），其编码蛋白（PIN 蛋白）是生长素从胞内向胞外运输的重要载体，PIN 蛋白在膜上的极性定位直接决定着生长素运输的方向。

从结构上来看，PIN 蛋白均为膜蛋白，在 N 端和 C 端各有 1 个疏水区域（H1 和 H2，各有 3～5 次跨膜结构域）；中央为亲水环，位于细胞内，由 C1、C2 和 C3 3 个保守域和 V1、V2 2 个可变区域构成；此外，在 C 端疏水区与 V2 区之间有 1 个 NPXXY（IM）保守结构，它在 PIN 蛋白的内吞过程中有重要作用；在亲水区域，还存在着糖基化位点和磷酸化位点（图 7.22）。

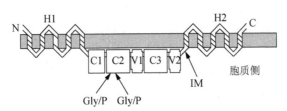

图 7.22　PIN 蛋白结构预测图（陈晓阳等，2011）

N 和 C 分别代表 PIN 蛋白的氨基端和羧基端，H1 和 H2 分别代表氨基端和羧基端的疏水区域；从 C1 到 V2 为 PIN 蛋白中间的亲水区，位于胞内，其中 C1、C2、C3 代表保守域，V1 和 V2 代表可变域，Gly/P 代表糖基化和磷酸化位点；IM 代表内吞作用调节位点

PIN 蛋白是以家族形式存在的，拟南芥的 PIN 蛋白家族是研究得比较早的 PIN 蛋白家族，包含 8 个成员，编号分别为 PIN1～PIN8。拟南芥中所有的 PIN 蛋白根据亲水环的长度可分成 2 个亚家族：第 1 个亚家族包括 PIN1、PIN2、PIN3、PIN4 和 PIN7 5 个成员，具有 1 个长的亲水环，定位在细胞膜上，且在细胞膜上的分布是不对称的，负责向细胞外运输生长素；第 2 个亚家族包括 PIN5、PIN6 和 PIN8 3 个成员，具有较

短的亲水结构域，定位在内质网上，介导胞浆和内质网的生长素交流。

拟南芥基因组中包含 8 个编码 PIN 蛋白的基因，它们在不同的组织和器官中具有不同的表达模式，共同调控拟南芥的生长发育。例如，*PIN1* 基因在多个器官中都有表达，其编码蛋白主要参与对胚的发育、叶序和叶脉的形成及维管组织的分化的调控；PIN2 蛋白与根的向重力生长有关；PIN3 蛋白与拟南芥的向性生长有关。

1．山核桃 *PIN* 基因全长 cDNA 的获得

以山核桃茎部 cDNA 为模板，用全长扩增引物（F：ATGATTAGTCTCACAGACCTCTACC，R：TCAAAGTCCCAGCAAGATGTAGTAA）进行 PCR 扩增，扩增产物电泳检测结果见图 7.23。可以看出，PCR 扩增产物条带大小为 1 800bp 左右。测序结果表明，山核桃 *PIN* 基因的开放阅读框（ORF）长度为 1 779bp，编码 592 个氨基酸。

图 7.23　山核桃 *PIN* 基因全长克隆琼脂糖凝胶电泳检测结果

M 代表 DL 2 000bp DNA Marker，1 代表 *PIN* 基因 ORF 扩增条带

2．山核桃 *PIN* 基因编码蛋白的序列分析

1）山核桃 PIN 蛋白的功能结构域预测

功能结构域分析结果表明，山核桃 *PIN* 基因的编码蛋白为生长素输出载体（图 7.24），且其跨膜结构域主要在序列两端，与 PIN 蛋白的结构特点相符。

Name	Accession	Description	Interval	E-value
[+] Mem_trans	pfam03547	Membrane transport protein; This family includes auxin efflux carrier proteins and other ...	28-570	1.11e-36
[+] Mem_trans	pfam03547	Membrane transport protein; This family includes auxin efflux carrier proteins and other ...	1231-1740	2.87e-36
[+] 2a69	TIGR00946	he Auxin Efflux Carrier (AEC) Family; [Transport and binding proteins, Other]	1294-1773	1.54e-31
[+] 2a69	TIGR00946	he Auxin Efflux Carrier (AEC) Family; [Transport and binding proteins, Other]	22-558	3.04e-19
[+] YfdV	COG0679	Predicted permease [General function prediction only];	1294-1770	1.76e-11
[+] YfdV	COG0679	Predicted permease [General function prediction only];	28-468	4.12e-05

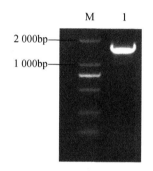

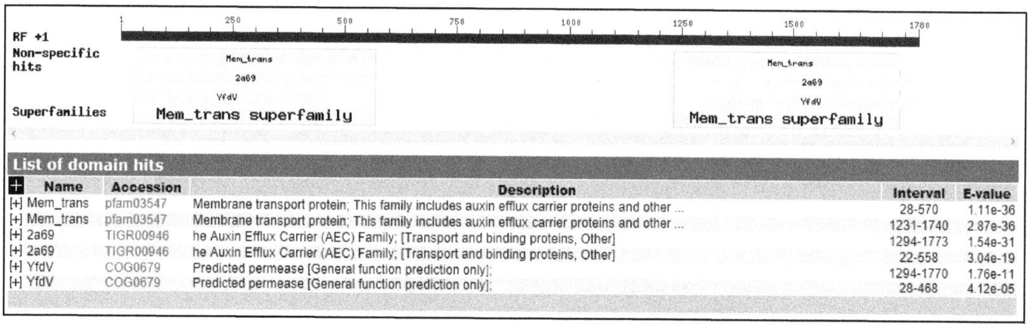

图 7.24　山核桃 PIN 蛋白的功能结构域预测结果

2）山核桃 PIN 蛋白与其他物种 PIN 蛋白的序列比对

氨基酸序列比对结果表明，山核桃 PIN 蛋白与核桃 PIN 蛋白的相似度较高，可达 98%，与其他多个物种该蛋白的相似度也基本在 85% 以上，且在这些物种中的同源蛋白编号多为 PIN1b，因此将山核桃中克隆得到的 *PIN* 基因定名为 *CcPIN1b*，将其编码蛋白命名为 CcPIN1b。

3）山核桃 PIN 蛋白与其他物种 PIN 蛋白的进化分析

从 NCBI 网站下载与 CcPIN1b 相似度大于 85% 的 15 个物种的 PIN1b 蛋白氨基酸序列，用 MEGA 5.1 软件构建不同物种 PIN1b 蛋白的进化树，分析 CcPIN1b 与 15 个物种 PIN1b 蛋白间的进化关系。从结果可以看出，在 15 个物种中，山核桃（CcPIN1b）与核桃 PIN1b 蛋白（JrPIN1b）间的亲缘关系最近，与鹰嘴豆（CaPIN1b）和狭叶羽扇豆（LaPIN1b）PIN1b 蛋白间的亲缘关系相对较远（图 7.25）。

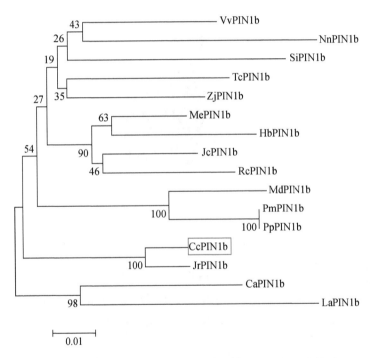

图 7.25　山核桃 PIN 蛋白与 15 个物种 PIN 蛋白的进化关系

4）山核桃 PIN 蛋白的氨基酸组成及理化性质分析

理化性质分析结果显示，CcPIN1b 蛋白含有 592 个氨基酸，分子量为 63.88 kDa，理论等电点（pI）为 8.95，含有带负电荷的氨基酸残基（Asp 和 Glu）40 个，带正电荷的氨基酸残基（Arg 和 Lys）46 个，不稳定指数为 34.78，为稳定蛋白（稳定蛋白的不稳定指数 <40），脂肪族氨基酸指数为 97.99。CcPIN1b 由 9 035 个原子构成，分子式为 $C_{2898}H_{4535}N_{759}O_{819}S_{24}$，消光系数是 75 080（$M^{-1} \cdot cm^{-1}$）。CcPIN1b 含有 20 种氨基酸，其

中丝氨酸（Ser）、亮氨酸（Leu）、甘氨酸（Gly）、缬氨酸（Val）和丙氨酸（Ala）的数量较多，5种氨基酸残基数量占氨基酸残基总数的46.5%；半胱氨酸（Cys）、色氨酸（Trp）、谷氨酰胺（Gln）和组氨酸（His）残基数较少，共占氨基酸残基总数的6.25%。

亲水性/疏水性分析结果显示，CcPIN1b蛋白的第84位氨基酸残基的疏水性值最大，为3.911，第250位的值最小，为-2.389[图7.26（a）]。按照正值越大疏水性越强、负值越小亲水性越强的原则判断，CcPIN1b蛋白的氨基端和羧基端以疏水性氨基酸为主、中间以亲水性氨基酸为主，与PIN蛋白的结构特点相符。跨膜结构域分析结果显示，CcPIN1b蛋白为跨膜蛋白，共包含9个跨膜结构域，其中5个位于氨基端、4个位于羧基端；中间区域为非跨膜结构，位于胞内[图7.26（b）]。CcPIN1b蛋白的跨膜结构特点符合所有PIN蛋白的共同特征，是其具有生长素输出功能的结构基础。CcPIN1b的二级结构中包含142个α-螺旋、145个延伸链、52个β-转角和253个无规卷曲，4种二级结构分别占总二级结构的23.99%、24.49%、8.78%和42.74%[图7.26（c）]。

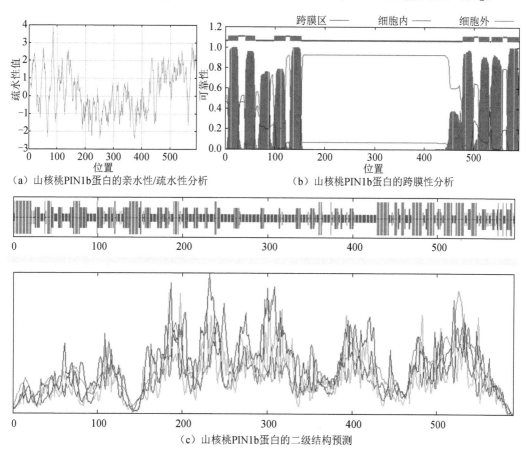

（a）山核桃PIN1b蛋白的亲水性/疏水性分析　　　　（b）山核桃PIN1b蛋白的跨膜性分析

（c）山核桃PIN1b蛋白的二级结构预测

图7.26　山核桃PIN1b蛋白的理化性质分析

蓝色代表α-螺旋，红色代表延伸链，绿色代表β-转角，紫色代表无规卷曲

3．山核桃 *PIN* 基因在嫁接成活过程中的表达变化

基因表达分析结果显示，*CcPIN1b* 基因在不同处理、不同嫁接时期的山核桃砧木和接穗中表达变化趋势不同（图 7.27）。在对照组砧木中，*CcPIN1b* 基因仅在嫁接后 3d 表达量上升并达到最大值；嫁接后 7d 表达量下降，且低于嫁接 0d 的表达量；嫁接后 14d 基因表达量与 7d 持平。在对照组接穗中，*CcPIN1b* 基因在嫁接后 3d 表达量增加并达最大值；嫁接后 7d 表达量迅速降低；嫁接后 14d 表达量略有回升，与嫁接 0d 的表达量基本持平（图 7.27）。

在 IAA 处理组砧木中，嫁接后 3d *CcPIN1b* 基因的表达量显著增加；嫁接后 7d 基因表达量迅速降低，与对照组 0d 砧木样本的表达量无显著差异；嫁接后 14d 基因表达量继续降低，且显著低于对照组 0d 砧木样本的表达量。在 IAA 处理组接穗中，*CcPIN1b* 基因的表达量变化趋势与砧木中相同，整个嫁接过程中基因的表达量都不低于对照组 0d 接穗样本的表达量（图 7.27）。

在 NPA 处理组砧木中，嫁接后 *CcPIN1b* 基因的表达量持续降低，嫁接后 14d 基因的表达量达最低值，但嫁接后 7d 和 14d 基因的表达量差异未达到显著水平。在 NPA 处理组接穗中，*CcPIN1b* 基因的表达量变化趋势与砧木中一致，嫁接后 *CcPIN1b* 基因表达量持续降低，但嫁接后 7d 和 14d 基因的表达量并无显著差异（图 7.27）。

整体而言，除嫁接后 3d 对照组和嫁接后 3d IAA 处理组砧木中 *CcPIN1b* 基因的表达量高于对照组 0d 砧木中的外，砧木样本中基因的表达量都等于或低于对照组 0d 砧木中的表达量。在接穗中，嫁接后 3d 对照组、嫁接后 3d IAA 处理组和嫁接后 7d IAA 处理组 *CcPIN1b* 基因的表达量高于对照组嫁接 0d 接穗中基因的表达量（图 7.27）。山核桃嫁接成活过程需要生长素参与调控愈伤组织的形成和维管束桥的形成及分化。*CcPIN1b* 基因编码蛋白为生长素输出载体，该基因在嫁接后（尤其是嫁接 3d 后）部分砧木和接穗样本中的表达量明显升高意味着生长素输出载体的增加，从而使更多的生长素在细胞间运输，使嫁接体更容易成活。

从不同处理之间的比较来看，除嫁接后 14d 接穗中以外，IAA 处理组 *CcPIN1b* 基因的表达量均显著高于对照组；NPA 处理组基因的表达量均显著低于对照组（图 7.27）。我们对不同处理下山核桃嫁接成活率的统计结果表明，IAA 处理组的山核桃嫁接成活率显著高于对照组，NPA 处理组的嫁接成活率显著低于对照组。而 *CcPIN1b* 基因在 IAA 处理组中表达量最高，NPA 处理组中表达量最低，这说明 *CcPIN1b* 基因及其编码蛋白介导的生长素向细胞外输出程度可能在调控山核桃嫁接成活方面起重要作用。

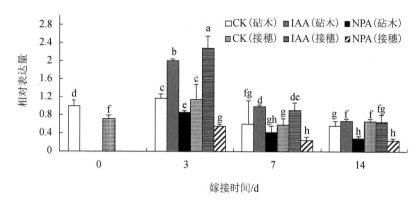

图 7.27　山核桃 *CcPIN1b* 基因在嫁接成活过程中的表达变化

CK 代表未处理，IAA 和 NPA 分别代表用 IAA 和 NPA 处理；柱形上面的小写字母代表多重比较结果，
相同字母代表差异不显著，不同字母代表差异显著（$P<0.05$）

7.2.3　山核桃 *ABCB* 基因的克隆及其在嫁接成活过程中的作用分析

ABCB 蛋白亚家族是 ATP 结合盒（ATP-binding cassette，ABC）转运蛋白超级家族中的一个亚家族，包括 4 类蛋白：药物抗性相关蛋白 /P- 糖蛋白（multidrug resistance relative protein/P-glycoprotein，MDR/PGP）、抗原肽相关运载蛋白体（transporter associated with antigen processing protein，TAP）、线粒体 ABC 转运蛋白（ABC transporter of the mitochondria protein，ATM）和脂质 A 输出蛋白（lipid-A like exporter putative protein，LLP）。

ABCB 蛋白由 *ABCB* 基因编码，与 PIN 蛋白一样，都是生长素输出载体，在生长素从胞内向胞外的运输中起主要作用。典型的 ABCB 蛋白家族一般都包含 2 个跨膜结构域（trans membrane domains，TMDs）和 2 个 ATP 结合结构域（ATP-binding domains NBDs or ABC domains），其中 ATP 结合结构域位于胞质侧，是亲水的（图 7.28）。ABC 蛋白的 4 个结构域之间既可以彼此独立，形成 4 条多肽链 [图 7.28（a）]，也可以以不同的方式相互融合，最极端的方式就是 4 个结构域融合为 1 条肽链 [图 7.28（f）]。

ABCB 蛋白是以家族形式存在的，在拟南芥中共有 29 个 ABCB 蛋白家族成员，目前已对其中的 9 个成员进行了功能研究。研究结果表明，AtABCB1 和 AtABCB19 是生长素输出载体，其中 AtABCB1 与拟南芥茎的木质化有关；AtABCB4 和 AtABCB21 是兼性转运蛋白；AtABCB14 是苹果酸输入载体；AtABCB23、AtABCB24 和 AtABCB25 与离子平衡的调控有关；AtABCB27 与铝隔离有关。

ABCB 蛋白的极性运输受到诸如转录水平上的调控、转运活性的调控、极性定位的调控、内吞循环、蛋白相互作用及蛋白磷酸化等多个水平的调控。有研究表明，生

长素可以调控 *ABCB* 基因的转录水平。用生长素处理以后，*AtABCB1*、*AtABCB4* 和 *AtABCB19* 的表达量会有不同程度的增加。ABCB 蛋白能与 PIN 蛋白相互作用，共同调控生长素向胞外的运输。此外，ABCB 蛋白可在蛋白激酶的作用下发生磷酸化，从而使生长素运输的活性发生变化。

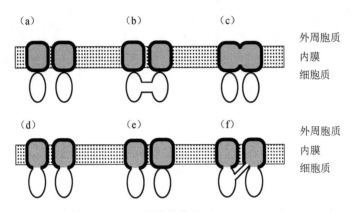

图 7.28 ABC 蛋白的构成（Higgins, 2001）

灰色方块代表 ABC 蛋白的跨膜结构域；椭圆代表 ABC 蛋白的 ATP 结合结构域，位于胞内

1. 山核桃 *ABCB* 基因全长 cDNA 的获得

以山核桃茎部 cDNA 为模板，用全长扩增引物（F：ATGGCTGAGCCTACAGAGGC，R：CTACACTCCTGTAAACACAGTTC）进行 PCR 扩增。扩增产物电泳检测结果显示，PCR 扩增产物条带大小为 3 500bp 左右（图 7.29）。测序结果表明，山核桃 *ABCB* 基因的开放阅读框（ORF）长度为 3 501bp，编码 1 166 个氨基酸。

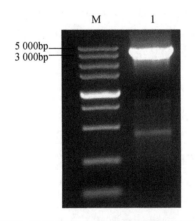

图 7.29 山核桃 *ABCB* 基因全长克隆琼脂糖凝胶电泳检测结果

M 代表 DL 5 000bp DNA Marker，1 代表 *ABCB* 基因 ORF 扩增条带

2．山核桃 *ABCB* 基因编码蛋白的序列分析

1）山核桃 ABCB 蛋白的功能结构域预测

山核桃 ABCB 蛋白的功能结构域预测结果见图 7.30。从图中可以看出，验证得到的核苷酸序列编码蛋白为 ABC 转运蛋白超家族成员，其氨基端和羧基端包含 2 个相同的区域，每个区域中的前端为 ABC 跨膜结构域（TMD），后端为 ATP 结合结构域（NBD），2 个 TMDs 及 2 个 NBDs 以"TMD1-NBD1-TMD2-NBD2"与 ABCB 蛋白的结构特点相符。

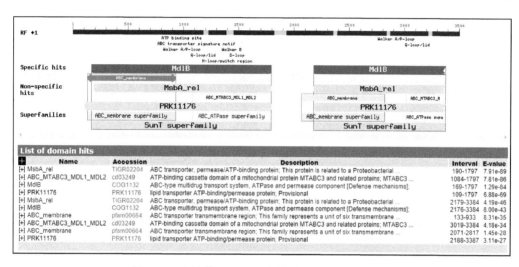

图 7.30　山核桃 ABCB 蛋白的功能结构域预测结果

2）山核桃 ABCB 蛋白与其他物种 ABCB 蛋白的序列比对

氨基酸序列比对结果表明，山核桃 ABCB 蛋白与核桃 ABCB 蛋白的相似度较高，可达 99%，与其他多个物种该蛋白的相似度也基本在 90% 以上，且在这些物种中的同源蛋白编号多为 ABCB19，因此将山核桃中克隆得到的 *ABCB* 基因定名为 *CcABCB19*，其编码蛋白命名为 CcABCB19。

3）山核桃 ABCB 蛋白与其他物种 ABCB 蛋白的进化分析

CcABCB19 与 15 个物种 ABCB19 蛋白间的进化关系分析结果显示，在 15 个物种中，山核桃（CcABCB19）与核桃 ABCB19 蛋白（JrABCB19）间的亲缘关系最近，与枣（ZjABCB19）、梅（PmABCB19）和碧桃（PpABCB19）间的亲缘关系较近，与荷花（NnABCB19）间的亲缘关系相对较远（图 7.31）。

4）山核桃 ABCB 蛋白的氨基酸组成及理化性质分析

理化性质分析结果显示，CcABCB19 蛋白含有 1 166 个氨基酸，分子量为 127.09 kDa，理论等电点（pI）为 8.74，含有带负电荷的氨基酸残基（Asp 和 Glu）108 个，带正电荷的氨基酸残基（Arg 和 Lys）117 个，不稳定指数为 37.17，为稳定蛋白（稳定蛋白的不稳定指数 <40），脂肪族氨基酸指数为 99.81。CcABCB19 由 18 036 个原子构成，分

子式为 $C_{5731}H_{9081}N_{1525}O_{1664}S_{35}$，消光系数是 120 600（$M^{-1} \cdot cm^{-1}$）。CcABCB19 含有 20 种氨基酸,其中丙氨酸（Ala）、亮氨酸（Leu）、丝氨酸（Ser）、甘氨酸（Gly）和缬氨酸（Val）的数量较多,5 种氨基酸残基数量占氨基酸残基总数的 45.4%;组氨酸（His）、色氨酸（Trp）和半胱氨酸（Cys）残基数较少，三者共占氨基酸残基总数的 2.83%。

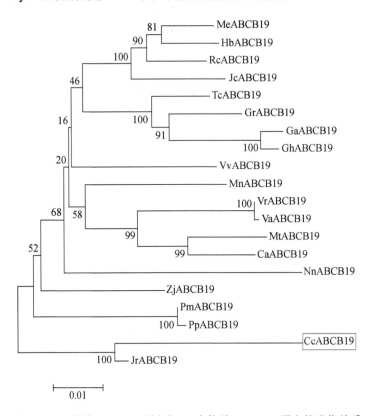

图 7.31　山核桃 ABCB19 蛋白与 15 个物种 ABCB19 蛋白的进化关系

亲水性 / 疏水性分析结果显示，CcABCB19 蛋白的第 953 位氨基酸残基的疏水性值最大，为 3.189，第 1 147 位的值最小，为 -3.311［图 7.32（a）］。按照正值越大疏水性越强、负值越小亲水性越强的原则判断，CcABCB19 蛋白从氨基端到羧基端呈现疏水性氨基酸—亲水性氨基酸—疏水性氨基酸—亲水性氨基酸的聚集方式，与 ABCB 蛋白的结构特点相符。跨膜性分析结果表明，CcABCB19 蛋白为跨膜蛋白，至少包含 10 个跨膜结构域，其中 6 个位于氨基端、4 个位于中间靠近羧基端部分；其余区域为非跨膜结构，位于胞内。CcABCB19 蛋白的跨膜结构特点符合所有 ABCB19 蛋白的共同特征，是其具有生长素输出功能的结构基础［图 7.32（b）］。CcABCB19 的二级结构中包含 536 个 α- 螺旋、250 个延伸链、102 个 β- 转角和 278 个无规卷曲，4 种二级结构分别占总二级结构的 45.97%、21.44%、8.75% 和 23.84%［图 7.32（c）］。结合二级结构和亲水性 / 疏水性可以发现，CcABCB19 蛋白在氨基端和中间靠近羧基端部分含有多

个密集的 α- 螺旋结构，形成多个跨膜结构域，这是 CcABCB19 蛋白具有跨膜运输生长素功能的结构基础。

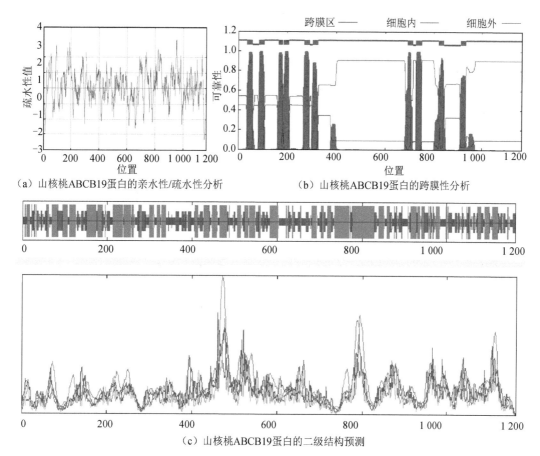

（a）山核桃ABCB19蛋白的亲水性/疏水性分析　　　（b）山核桃ABCB19蛋白的跨膜性分析

（c）山核桃ABCB19蛋白的二级结构预测

图 7.32　山核桃 ABCB19 蛋白的理化性质分析

蓝色代表 α- 螺旋，红色代表延伸链，绿色代表 β- 转角，紫色代表无规卷曲

3. 山核桃 *ABCB* 基因在嫁接成活过程中的表达变化

基因表达分析结果显示，*CcABCB19* 基因在不同处理、不同嫁接时期的山核桃砧木和接穗中表达变化趋势不同（图 7.33）。在对照组砧木中，*CcABCB19* 基因表达量仅在嫁接后 3d 显著降低；嫁接后 7d 表达量显著增加并达最大值；嫁接 14d 表达量恢复至嫁接 0d 的表达水平。对照组接穗中，*CcABCB19* 基因的表达趋势与砧木中相同（图 7.33）。

在 IAA 处理组砧木中，*CcABCB19* 基因在嫁接后的表达变化趋势与对照组砧木和接穗中相同。在 IAA 处理组接穗中，*CcABCB19* 基因表达量在嫁接后并无显著变化（图 7.33）。

在 NPA 处理组砧木中，*CcABCB19* 基因在嫁接后的表达变化趋势与对照组砧木、对照组接穗和 IAA 处理组砧木中相同。在 NPA 处理组接穗中，*CcABCB19* 基因的表达量仅在嫁接后 3d 显著降低，其余时间基因的表达量与嫁接 0d 对照组接穗的表达量并无显著差异（图 7.33）。

整体而言，除嫁接后 7d 砧木中 *CcABCB19* 基因的表达量高于对照组 0d 砧木中的以外，砧木样本中基因的表达量都低于对照组 0d 砧木中的表达量。而在接穗中，除嫁接后 7d 对照组砧木中 *CcABCB19* 基因的表达量高于对照组 0d 接穗中的以外，接穗样本中基因的表达量都低于对照组 0d 接穗中的表达量（图 7.33）。山核桃嫁接成活过程需要生长素参与调控愈伤组织的形成和维管束桥的形成及分化。*CcABCB19* 基因编码蛋白为生长素输出载体，*CcABCB19* 基因在嫁接后砧木中表达量明显升高（尤其是在嫁接后 7d 砧木中）意味着生长素输出载体增加，从而使更多的生长素在细胞间运输，使嫁接体更容易成活。因此，与接穗相比，砧木可能在山核桃嫁接成活过程中起更重要的作用。

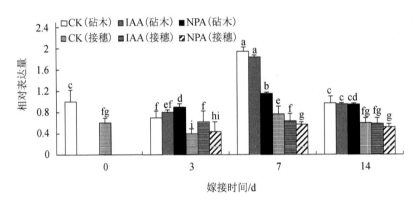

图 7.33　山核桃 *ABCB19* 基因在嫁接成活过程中的表达变化

CK 代表未处理，IAA 和 NPA 分别代表用 IAA 和 NPA 处理；柱形上面的小写字母代表多重比较结果，相同字母代表差异不显著，不同字母代表差异显著（$P<0.05$）

从不同处理之间的比较来看，在嫁接后 3d 砧木中，NPA 处理组 *CcABCB19* 基因的表达量最高，显著高于对照组和 IAA 处理组，对照组和 IAA 处理组间基因表达差异不显著；在嫁接后 3d 接穗中，IAA 处理组 *CcABCB19* 基因的表达量最高，显著高于对照组和 NPA 处理组，对照组和 NPA 处理组间基因表达差异不显著。在嫁接后 7d 砧木中，NPA 处理组 *CcABCB19* 基因的表达量最低，显著低于对照组和 IAA 处理组，对照组和 IAA 处理组间基因表达差异不显著；在嫁接后 7d 接穗中，对照组 *CcABCB19* 基因的表达量最高，NPA 处理组 *CcABCB19* 基因的表达量最低。嫁接后 14d，无论是砧木中还是接穗中，*CcABCB19* 基因的表达量在不同处理之间均无显著差异（图 7.33）。不同处理下山核桃嫁接成活率的统计结果表明，IAA 处理组的山核桃嫁接成活率显著高于对照组，NPA 处理组的嫁接成活率显著低于对照组。而在山核桃嫁接成活不同阶段的不同处理之间，*CcABCB19* 基因的表达量并无统一的变化规律，这说明 *CcABCB19* 基因在山核桃嫁接成活过程中的表达变化与山核桃嫁接成活率之间并无显著的相关性。

7.3　山核桃 *RR* 基因的克隆及其在嫁接成活过程中的作用分析

细胞分裂素（cytokinin，CTK）是一类以 6-氨基嘌呤环为基本结构的植物激素，主要分布在进行细胞分裂的植物幼嫩部位，如植物茎尖、根尖、未成熟的种子和生长着的果实内部等。细胞分裂素在多个方面对植物生长发育起重要调控作用，可以调控植物细胞分裂、顶端优势、叶绿体的生物合成、根和叶的分化、叶片衰老、养分信号及芽的形成。

细胞分裂素对植物生长发育的调控是通过双元信号系统（two-component signaling system，TCS）来完成的。真核生物细胞分裂素的双元信号系统途径是通过磷酸基团的转移来实现的，这一过程需要 3 种蛋白的协同作用，分别为组氨酸蛋白激酶（histidine kinases，HK）、磷酸转移蛋白（histidine phosphotransfer protein，HPt）和反应调节因子（response regulator，RR）。

组氨酸蛋白激酶是可以磷酸化组氨酸残基的信号传导酶家族。研究表明，组氨酸蛋白激酶为跨膜受体，包含氨基末端的胞外感受区和羧基末端的胞内信号区域。大部分组氨酸蛋白激酶都以二聚体形式存在，在 ATP 存在的条件下可以催化自身结构域中的组氨酸残基磷酸化。拟南芥组氨酸蛋白激酶的氨基端为激酶结构域，定位在胞外，含有 1 个保守的组氨酸残基（H）；中间为传导域，定位在细胞质中，有一段特异性序列和 1 个保守的可以自我磷酸化的组氨酸残基（H）；质膜内侧的 2 个羧基末端为接受结构域，含有保守的 DDK 残基，其中第 2 个天冬氨酸残基（D）可接受磷酸基团。现已在拟南芥中确定 3 个组氨酸蛋白激酶家族成员。

磷酸转移蛋白是连接组氨酸蛋白激酶和反应调节因子的媒介。现在拟南芥中发现 5 个磷酸转移蛋白家族成员，它们一般含有 150 个氨基酸残基，具有磷酸传递域，含有保守的 XHQXKGSSXS 基序，起磷酸传递的作用。

反应调节因子是植物细胞分裂素双元信号系统中磷酸基团传递的最后输出元件。现已在拟南芥中发现 23 个反应调节因子家族成员，根据同源性、保守域的结构、氨基酸的相似程度，以及是否受到细胞分裂素诱导，可将其分为 A 型反应调节因子和 B 型反应调节因子 2 大类。A 型反应调节因子共有 11 个，编号为 ARR3 ～ 9、ARR15 ～ 17 和 ARR22；A 型反应调节因子共有 12 个，编号为 ARR1 ～ 2、ARR10 ～ 14、ARR18 ～ 21 和 ARR24。在结构上，A 型反应调节因子包含一个信号接受域，其中包含 3 个保守的氨基酸残基，即位于氨基末端的天冬氨酸残基（D）、位于中间的天冬氨酸残基（D）和位于羧基末端的赖氨酸残基（K）。A 型反应调节因子的长度较短，含有的氨基酸残基数为 184 ～ 259。此外，A 型反应调节因子的表达受细胞分裂素的专一诱导，且在不同组织中的表达具有特异性。与 A 型反应调节因子不同，B 型反应调节因子在结构上除包含信号接收域外，在其羧基末端还包含 DNA 结合区和转录激活区，这是植物转录因子的特征。有研究表明，拟南芥 B 型反应调节因子大多定位在核内，其转录不受细胞分裂素的诱导。还有研究表明，拟南芥 B 型反应调节因子具备转录因子的功能，能够调控 A 型反应调节因子的表达。

在植物细胞分裂素双元信号系统中，组氨酸蛋白激酶为细胞分裂素的受体，在细胞分裂素存在时，它可在 ATP 的作用下发生组氨酸残基（H）自磷酸化，然后磷酸基团被传递给组氨酸蛋白激酶接受结构域的天冬氨酸残基上，随后磷酸基团又被传递给磷酸转移蛋白上的组氨酸残基（H），组氨酸残基再将磷酸基团传递给反应调节因子上的天冬氨酸残基（D），磷酸化的反应调节因子最终可以调控包括 MAPK 级联途径、cAMP 磷酸二酯酶活性和渗透反应在内的下游反应，从而使植物表现出一系列的细胞分裂素生长响应。可见，植物细胞分裂素双元信号系统实际上是 3 个蛋白家族参与的磷酸基团转移反应，3 个蛋白家族成员在植物细胞分裂素生理响应中起重要作用。

山核桃嫁接成活过程涉及愈伤组织形成、维管束桥形成及分化等变化过程，这些过程必然要受到多种植物激素的协同调控作用。为探究细胞分裂素在山核桃嫁接成活过程中的可能作用，我们对细胞分裂素信号系统中的关键调控基因进行了克隆和初步分析。

7.3.1 山核桃 *RR* 基因全长 cDNA 的获得

以山核桃茎部 cDNA 为模板，用山核桃 *RR* 基因全长扩增引物（F：ATGGCTATTGCCGGCCAGGTTTTG，R：TCAATCTTTGTTCCGTAGTTTGGC）进行 PCR 扩增，扩增产物条带大小在 700bp 左右（图 7.34）。测序结果显示，山核桃 *RR* 基因的开放阅读框（ORF）长度为 669bp，编码 222 个氨基酸。

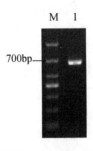

图 7.34　山核桃 *RR* 基因全长克隆琼脂糖凝胶电泳检测结果

M 代表 DL1 000 bp DNA Marker，1 代表山核桃 *RR* 基因 ORF 扩增条带

7.3.2　山核桃 *RR* 基因编码蛋白的序列分析

1. 山核桃 RR 蛋白的功能结构域预测

山核桃 RR 蛋白的功能结构域预测结果显示，该蛋白为 RR 家族成员，且可能为 A 型 RR（图 7.35）。

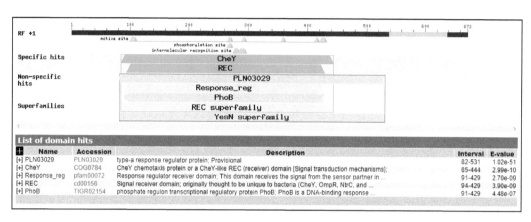

图 7.35　山核桃 RR 蛋白的功能结构域预测结果

2. 山核桃 RR 蛋白与其他物种 RR 蛋白的序列比对

经 NCBI BLAST 在线网站的比对，山核桃 RR 蛋白与核桃 ARR5 蛋白的相似度最高，为 90%，与其他物种的相似度基本在 75% 左右，且在这些物种中的同源蛋白编号多为 ARR5，因此将山核桃中克隆得到的 *RR* 基因定名为 *CcARR5*，其编码蛋白命名为 CcARR5。

3. 山核桃 RR 蛋白与其他物种 RR 蛋白的进化分析

CcARR5 与 20 个物种 ARR5 蛋白间的进化关系分析结果表明，山核桃（CcARR5）与核桃（JrARR5）和马铃薯（StARR5）ARR5 蛋白间的亲缘关系最近，与鹰嘴豆（CaARR5）、落花生（AiARR5）和木豆（CcaARR5）等 7 个物种 ARR5 蛋白间的亲缘关系相对较远（图 7.36）。

4. 山核桃 RR 蛋白的氨基酸组成及理化性质分析

理化性质分析结果显示，CcARR5 蛋白含有 222 个氨基酸残基，分子量为 24.26kDa，理论等电点（pI）为 8.81，含有带负电荷的氨基酸残基（Asp 和 Glu）31 个，带正电荷的氨基酸残基（Arg 和 Lys）34 个，不稳定指数为 63.73，为不稳定蛋白（稳定蛋白的

不稳定指数 <40），脂肪族氨基酸指数为 85.99。CcARR5 由 3 429 个原子构成，分子式为 $C_{1043}H_{1732}N_{304}O_{342}S_8$，消光系数是 6 085（$M^{-1} \cdot cm^{-1}$）。CcARR5 由 19 种氨基酸组成，其中丝氨酸（Ser）数量最多，占氨基酸残基总数的 16.7%；亮氨酸（Leu）、精氨酸（Arg）和缬氨酸（Val）数量相对较多；CcARR5 蛋白不含色氨酸（Trp），含有的半胱氨酸（Cys）、谷氨酰胺（Gln）和组氨酸（His）数量也较少，仅为 2 个。

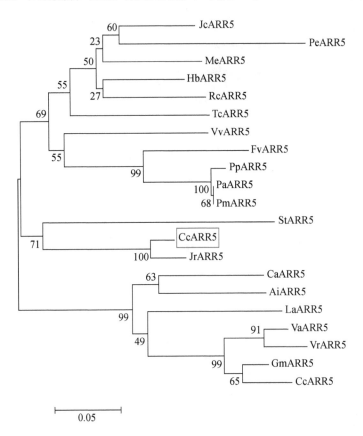

图 7.36　山核桃 ARR5 蛋白 CcARR5 与 20 个物种 ARR5 蛋白的进化关系

亲水性/疏水性分析结果显示，CcARR5 蛋白的第 114 位的值最大，为 1.756，第 172 位的值最小，为 -3.889；蛋白中小于 0 的位点数显著高于大于 0 的位点数，且绝对值较高 [图 7.37（a）]。按照正值越大疏水性越强、负值越小亲水性越强的原则判断，CcARR5 蛋白应为亲水性蛋白，且蛋白中的疏水性氨基酸主要存在于氨基端。跨膜性分析结果显示，CcARR5 蛋白不包含跨膜结构域，为非跨膜蛋白 [图 7.37（b）]。CcARR5 的二级结构包含 78 个 α-螺旋、42 个延伸链、18 个 β-转角和 84 个无规卷曲，4 种二级结构分别占总二级结构的 35.14%、18.92%、8.11% 和 37.83% [图 7.37（c）]。

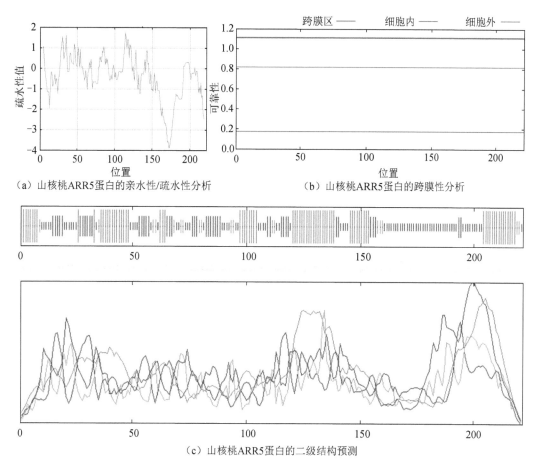

（a）山核桃ARR5蛋白的亲水性/疏水性分析　　　　（b）山核桃ARR5蛋白的跨膜性分析

（c）山核桃ARR5蛋白的二级结构预测

图 7.37　山核桃 ARR5 蛋白的理化性质分析

蓝色代表 α- 螺旋，红色代表延伸链，绿色代表 β- 转角，紫色代表无规卷曲

7.3.3　山核桃 *RR* 基因在嫁接成活过程中的表达变化

基因表达分析结果显示，*CcARR5* 基因在不同嫁接时期的山核桃砧木和接穗中呈现不同的表达变化趋势。在接穗中，*CcARR5* 基因在嫁接后 3d 和 7d 表达量显著降低，为嫁接 0d 时的 67% 和 66%；嫁接后 14d 基因表达量有所升高，为 0d 时的 87%（图 7.38）。在砧木中，与 0d 相比，*CcARR5* 基因在嫁接后 3d 表达量变化不明显；嫁接后 7d 表达量迅速升高，为 0d 时的 6.4 倍；嫁接后 14d 表达量与 7d 相比有所下降，但仍显著高于嫁接 0d 时的表达量，为 0d 时的 4.06 倍（图 7.38）。

根据对山核桃嫁接成活的解剖学观测，嫁接后 3d 为砧木、接穗初始粘连时期，7d 为愈伤组织形成时期，14d 为维管束桥分化时期，且嫁接后 7d 游离 IAA 含量最高（刘传荷，2008）。*CcARR5* 基因在山核桃嫁接后 7d 和 14d 砧木中表达量显著增加（图 7.38），说明该基因在山核桃嫁接成活的愈伤组织形成和维管束桥形成过程中可能起重要的调控作用；同时，由于 *RR* 基因为细胞分裂素信号通路中的关键调控基因，*CcARR5* 基因在山核桃嫁接成活过程中表达量的变化还说明细胞分裂素可能在山核桃嫁接成活过程中起重要调控作用。

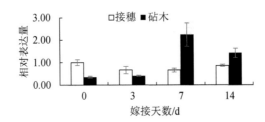

图 7.38　山核桃 *ARR5* 基因在嫁接成活过程中的表达变化

7.4　山核桃 *PIP* 基因的克隆及其在嫁接成活过程中的作用分析

水是生命的源泉，是植物赖以生存的物质基础。水分在植物体内运输有 3 种途径：质外体途径、共质体途径和跨细胞途径，后 2 种途径统称为细胞到细胞途径。水分的跨膜运输有 3 种方式：通过脂双层（胞膜）的自由扩散运输、通过膜转运蛋白的运输和通过水通道蛋白（也称水孔蛋白，aquaporin，简称 AQP）的被动运输。不同的植物或不同的生理状态，水分运输途径和运输方式可能存在差别。作为膜内在蛋白（membrane intrinsic protein，MIP）家族的成员之一，水通道蛋白介导细胞与介质之间的水分快速运输，是水分进出细胞的主要途径。

根据 AQP 的定位及序列同源性和结构特征，目前通常将植物 AQPs 分为 5 类：位于质膜上的质膜内在蛋白（plasma membrane intrinsic proteins，PIPs），又可分为 PIP1 和 PIP2 亚类；位于液泡膜上的液泡膜内在蛋白（tonoplast intrinsic proteins，TIPs），又分为 α-TIP、β-TIP、γ-TIP、δ-TIP 和 ε-TIP 5 个亚类；存在于共生根瘤类菌体周围膜上的类 Nod26 膜内在蛋白（nodulin 26-like intrinsic proteins，NIPs）；小分子碱性膜内在蛋白（small and basic intrinsic proteins，SIPs），分为 SIP1 和 SIP2 亚类；类 Glp F（glycerol facilitator）膜内在蛋白（Glp F-like intrinsic proteins，GIPs）。球蒴藓基因组中除具有 PIPs、TIPs、NIPs、SIPs 和 GIPs 5 类 AQP 外，还具有 HIP（hybrid intrinsic proteins）和 XIPs（X intrinsic proteins）2 个新类别。目前，HIP 仅发现于球蒴藓中，而 XIPs 还存在于多种双子叶植物中。

PIPs 定位于原生质膜上，所有的 PIPs 均高度保守，与植物种类无关。PIPs 孔道狭窄，为典型的高水分选择性通道蛋白。在所有已知的高等植物 PIPs 中，存在 2 个高度保守的区域，即 GGGANXXXXGY 和 TGI/TNPARSL/FGAAI/VI/VFWF/YN，分别位于

C 环和 E 环，可能与 PIPs 功能的特异性有关。PIPs 分为 PIP1 和 PIP2 亚类，二者的区别在 N 端和 C 端的不同。PIP1 比 PIP2 具较长的 N 端和较短的 C 端，而且在序列当中各有相应的保守氨基酸。PIPs 不仅是水和中性小分子选择性通道蛋白，同时还具有许多生理功能，是一类多功能蛋白。

山核桃嫁接成活过程需要大量水分来促进伤口的愈合。我们前期的研究结果表明，山核桃嫁接过程中含水量发生明显的变化，自由水含量越高，细胞渗透活动越活跃，越有利于细胞的分裂、生长和繁殖，越有利于愈伤组织的形成，山核桃嫁接成活率越高。可见，水分在山核桃嫁接成活过程中起重要调控作用。然而，水分对山核桃嫁接调控的分子机理还不清楚。PIP 蛋白是存在于质膜上的水通道蛋白，在介导细胞间快速水分运输中起重要作用。为探究水分对山核桃嫁接调控的分子机理，本节克隆了 1 个山核桃 *PIP* 基因，初步分析了其在山核桃嫁接成活过程中的表达变化（何勇清，2013；艾雪，2009；Kumar et al.，2018）。

7.4.1 山核桃 *PIP* 基因全长 cDNA 的获得

以山核桃茎部 cDNA 为模板，GSP1（TTGGTGCTGAGATCGTTGGCACC）和 AUAP（GGCCACGCGTCGACTAGTAC）为引物进行 3′ RACE 一次 PCR，经 1% 琼脂糖电泳检测，可见约 550bp 的一条特异性片段 [图 7.39（a）]。以一次 PCR 产物为模板，以 GSP2（TTGGCTCCA CTTCCTATTGGG）和 AUAP 为引物进行二次 PCR，经琼脂糖电泳检测可见一条 450bp 的条带 [图 7.39（b）]。以 GSP3（GATGACTATCTGGTGGTAC）和 AUAP 为引物进行 5′ RACE，经 1% 琼脂糖电泳检测，可见 1 条 464bp 的特异性片段 [图 7.39（c）]。根据 3′ RACE 和 5′ RACE 测序拼接结果，以 PIP-F（GGAGCCAAAATAGGGACGTG）和 PIP-R（AAAACATAAAGAATTCTCCATTAA）为引物进行 PCR 扩增，得到山核桃 *PIP* 基因的完整 cDNA 序列 [图 7.39（d）]。山核桃 *CcPIP* 基因的开放阅读框长度为 576bp，编码 191 个氨基酸。

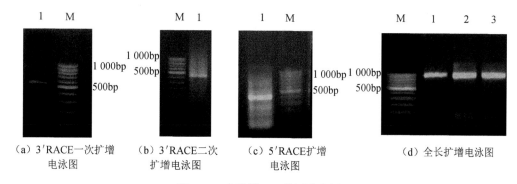

（a）3′RACE 一次扩增　　（b）3′RACE 二次　　　（c）5′RACE 扩增　　　（d）全长扩增电泳图
　　电泳图　　　　　　　　扩增电泳图　　　　　　电泳图

图 7.39 山核桃 *PIP* 基因电泳图

M 代表 1 000bp DNA Marker，数字代表山核桃 *PIP* 基因扩增条带

7.4.2 山核桃 *PIP* 基因编码蛋白的序列分析

1. 山核桃 PIP 蛋白的功能结构域预测

利用 NCBI BLAST 在线网站预测山核桃 PIP 蛋白的功能结构域，发现验证得到的核苷酸序列编码 MIP 蛋白家族成员（图 7.40），且该蛋白可能为膜内在镶嵌蛋白。

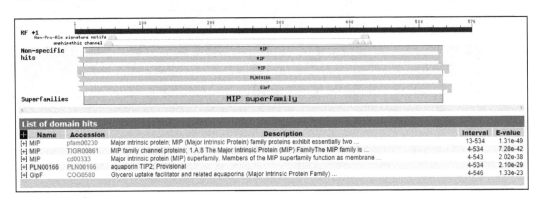

图 7.40　山核桃 PIP 蛋白的功能结构域预测结果

2. 山核桃 PIP 蛋白与其他物种 PIP 蛋白的序列比对

利用 NCBI BLAST 在线网站将山核桃 PIP 蛋白的氨基酸序列与其他物种 PIP 蛋白的氨基酸序列进行比对，发现山核桃 PIP 蛋白与核桃 PIP1-3 蛋白的相似度最高，为 98%，与其他物种的相似度基本在 90% 以上，且在这些物种中的同源蛋白编号多为 PIP1-3，因此将山核桃中克隆得到的 *PIP* 基因定名为 *CcPIP1-3*，将其编码蛋白命名为 CcPIP1-3。

3. 山核桃 PIP 蛋白与其他物种 PIP 蛋白的进化分析

CcPIP1-3 与 17 个物种 PIP1-3 蛋白间的进化分析结果显示，在 17 个物种中，山核桃（CcPIP1-3）与核桃（JrPIP1-3）PIP1-3 蛋白间的亲缘关系最近，而与其他 16 个物种 PIP1-3 蛋白的亲缘关系相对较远（图 7.41）。

4. 山核桃 PIP 蛋白的氨基酸组成及理化性质分析

理化性质分析结果显示，CcPIP1-3 蛋白含有 191 个氨基酸，分子量为 20.53kDa，理论等电点（pI）为 9.62，含有带负电荷的氨基酸残基（Asp 和 Glu）9 个，带正电荷的氨基酸残基（Arg 和 Lys）16 个，不稳定指数为 20.45，为稳定蛋白（稳定蛋白的不稳定指数 <40），脂肪族氨基酸指数为 107.85。CcPIP1-3 由 2 929 个原子构成，分子式为

$C_{953}H_{1476}N_{250}O_{244}S_6$，消光系数是 25 565（$M^{-1} \cdot cm^{-1}$）。CcPIP1-3 含有 20 种氨基酸，其中丙氨酸（Ala）、甘氨酸（Gly）、异亮氨酸（Ile）和亮氨酸（Leu）的数量较多，4 种氨基酸残基数量占氨基酸残基总数的 42.9%；半胱氨酸（Cys）、谷氨酰胺（Gln）、谷氨酸（Glu）、甲硫氨酸（Met）和色氨酸（Trp）残基数较少，五者共占氨基酸残基总数的 7.9%。

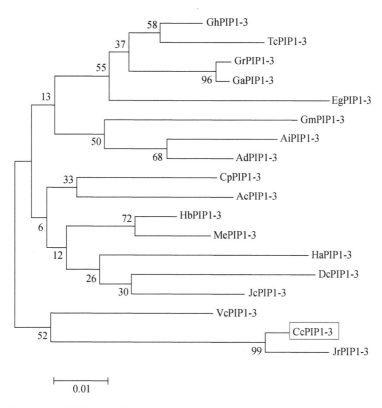

图 7.41　山核桃 PIP 蛋白 CcPIP1-3 与 17 个物种 PIP1-3 蛋白间的进化关系

CcPIP1-3 蛋白的亲水性 / 疏水性分析结果显示，第 123 位氨基酸残基的疏水性值最大，为 2.456，第 156 位的值最小，为 −2.844；CcPIP1-3 蛋白中小于 0 的位点数显著低于大于 0 的位点数，且绝对值较高 [图 7.42（a）]，按照正值越大疏水性越强、负值越小亲水性越强的原则判断，CcPIP1-3 蛋白应为疏水性蛋白。跨膜性分析结果表明，CcPIP1-3 蛋白包含 5 个跨膜结构域，为跨膜蛋白 [图 7.42（b）]。作为质膜内在蛋白，CcPIP1-3 具有的跨膜结构域是其发挥功能的结构基础。CcPIP1-3 的二级结构包含 59 个 α-螺旋、44 个延伸链、25 个 β-转角和 63 个无规卷曲，4 种二级结构分别占总二级结构的 30.89%、23.04%、13.09% 和 32.98% [图 7.42（c）]。

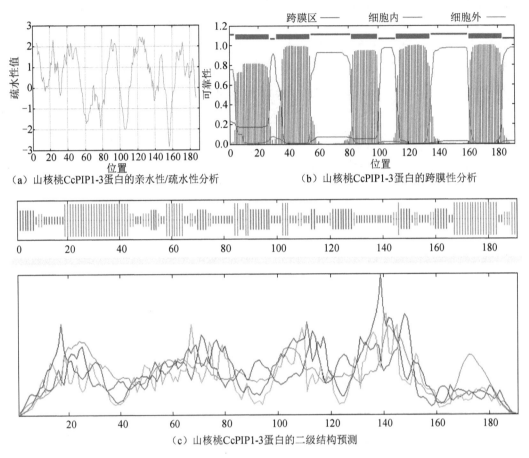

（a）山核桃CcPIP1-3蛋白的亲水性/疏水性分析　　　（b）山核桃CcPIP1-3蛋白的跨膜性分析

（c）山核桃CcPIP1-3蛋白的二级结构预测

图 7.42　山核桃 PIP 蛋白 CcPIP1-3 的理化性质分析

蓝色代表 α- 螺旋，红色代表延伸链，绿色代表 β- 转角，紫色代表无规卷曲

7.4.3　山核桃 *PIP* 基因在嫁接成活过程中的表达变化

CcPIP1-3 基因在山核桃嫁接成活不同阶段的表达分析结果显示，随着嫁接时间的增加，砧木和接穗中 *CcPIP1-3* 基因的表达量均呈现先降低后升高的变化趋势（图 7.43）。嫁接后 3d 基因表达量显著降低，嫁接后 7d 基因表达量显著提高，但尚未达到嫁接前（0d）水平；嫁接后 14d *CcPIP1-3* 基因的表达量继续增加，并超过 0d 时的表达量（图 7.43）。

山核桃嫁接后，砧木与接穗切面细胞会产生一种强烈的愈伤反应，许多基因包括水通道蛋白基因 *CcPIP1-3* 因受到创伤而激活，从而表达强烈。随后的 3d 砧木与接穗表面细胞受到伤害破裂，缺少物质和水分的交流通道，强烈地抑制了 CcPIP1-3 的活性，从而使包括 CcPIP1-3 在内的可溶性蛋白质含量下降，水分含量下降。嫁接 7d 后，嫁接苗砧木与接穗的形成层部位大量形成愈伤组织，相互对接，水通道蛋白基因 *CcPIP1-3* 表达逐渐增强，砧木不断地向接穗输送水分养分，接穗和砧木中的含水量等缓慢上升，由于水分在植物中的运输受特定水通道蛋白基因的表达、调控及亚细胞定位的修饰影响，嫁接后前 7d，接穗和砧木中水通道蛋白基因表达明显增强，接穗的含水量、蛋白质含量和可溶性糖含量等生理生化因子显著升高，可供利用的水分、养分越多，对细胞分裂越有利，可促进愈伤组织的形成。到第 14d，砧木和接穗产生的愈伤组织细胞突破了隔离层，互相嵌合，产生次生胞间连丝后，水通道蛋白基因 *CcPIP1-3* 强烈表达，电波可沿砧木传至接穗，恢复了砧木对接穗的水分、养分运输，接穗和砧木的含水量等又逐渐升高。

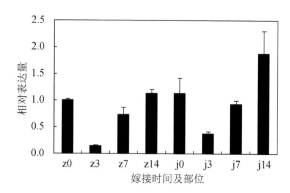

图 7.43　山核桃 *PIP* 基因 *CcPIP1-3* 在不同嫁接时间的表达变化

j 代表接穗，z 代表砧木；0、3、7 和 14 代表嫁接时间（d）

对质膜水通道蛋白基因 *CcPIP1-3* 在山核桃嫁接成活过程中的表达模式及其与水分运输关系进行研究，有助于进一步揭示 *CcPIP1-3* 基因在山核桃接穗和砧木对接过程中的功能，从而为在分子水平揭示山核桃嫁接过程中的水分运输机理奠定良好的理论基础。

7.4.4　山核桃 *PIP* 基因的启动子克隆及作用元件分析

1. 山核桃 *PIP* 基因启动子克隆

用改良的 CTAB 法提取山核桃基因组 DNA，用 *Dra* I、*Stu* I、*Eco* V 和 *Pvu* II 酶切割基因组 DNA，酶切片段连接接头。以连接后的产物为模板，以 AP1（GTAATACGACTCACTATAGGGC）和 WK1（AAGAGGAGTCCAAAGGTCACGGCAG）为引物进行第 1 轮 PCR 扩增，然后以第 1 轮 PCR 产物为模板，以 AP2（ACTATAGGGCACGCGTGGT）和 WK2（CAGTAGACAAGGGCAAAGATCATACC）为引物进行第 2 轮

巢式 PCR 扩增，扩增结果见图 7.44（a）。可以看出，扩增出 1 条 500bp 左右的条带，测序结果表明该序列长度为 543bp。以 AP2（ACTATAGGGCACGCGTGGT）和 WK3（GGGGAGTCTATTATCTGGCTGAAAGC）为引物进行 PCR 扩增，扩增出 1 条 500bp 左右的条带 [图 7.44（b）]，测序结果表明序列长度为 473bp。

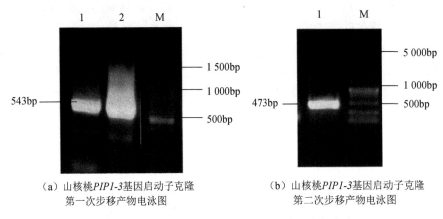

（a）山核桃 *PIP1-3* 基因启动子克隆
第一次步移产物电泳图

（b）山核桃 *PIP1-3* 基因启动子克隆
第二次步移产物电泳图

图 7.44　山核桃 *PIP1-3* 基因启动子克隆步移产物电泳图

M 代表 DNA Marker，数字代表 *PIP1-3* 基因扩增条带

2. 山核桃 *PIP* 基因启动子作用元件分析

结合 2 次山核桃启动子克隆步移结果，共获得长度为 876bp 的山核桃 *CcPIP1-3* 基因启动子序列。采用 Plant CARE 和 PLACE 等软件对启动子区的调控元件进行分析。结果表明，该序列具有多个启动子的基本转录元件，包括 2 个 CAAT box，位于 −601 和 −348 位，是启动子和增强子的顺式调控元件，应答 ABA 和干旱反应；7 个 TATA box，位于 −135、−418、−435、−493、−507、−850 和 −864 位，是启动子中心元件；1 个 G-box，位于 −783 位，应答厌氧、光、激发子、ABA 和 Me JA（茉莉酸甲酯）处理；1 个 MYC（CANNTG）元件和 1 个 MYB（WAACCA）元件，位于 −659 位，它们都是干旱和 ABA 应答顺式调控元件；2 个 GATA 组织特异性元件，位于 −437 和 −668 位；1 个应答脯氨酸和低渗透反应的元件 PRE（ACTCAT），位于 −149 位；1 个应答糖和激素信号的顺式作用元件（TATCCA），位于 −31 位；1 个位于 −78 位的水杨酸伤害和糖信号的 W-BOX 元件；6 个 DOFCOREZM 元件（AAAG），分别位于 −41、−201、−295、−465、−475 和 −482 位；5 个 GT-1 保守序列（GRWAAW），是光应答有关的顺式作用元件，位于 −337、−437、−472、−479 和 −866 位；1 个 Box Ⅲ，位于 −560 位，是蛋白结合位点；1 个位于 −116 的脱落酸应答顺式调控元件 ABRE。此外，还有多个光应答相关元件，如 G-box、GA-motif、GT1-motif 和 MNF1 等（图 7.45）。

```
        GT-1 TATA      TATA                                                              MYCBOX G-box
-876 GACAGTCCGG GGTAATACGG ACTCACTATA GGGCACGCGC GGTCGACGGC CCGGGCTGGT ATTTATCTGA ATTAGGTGTA TGGTCAGATG GCCCACGACA

-776 GCTAATCGAG CTCGTCTTAG AATTTCAAAA CCCATTAGGA ACATAAGAAT GGTACCATTA AAAAAAAAAA AAAATAATAA TAATAATAAT AATAATAGTT
        GATA BOX   MYB BOX                                                        CAAT-box
-676 TGCTAGAGGA TAAGAACAAA ACCAACCAAC CAACCGGCAA ACAGTACCTG TCAACATCCT CTGCACTTTC CAGAACAATC CCTGAATAAT TTAGAATCCC
                Box III                                              TATA         TATA     AAAG
-576 CCTTAGTTTA AGCAAAATCA TTATCACTAG CTTAGAACAA AAAAATTATC ACTAAACACT GTTAATTTCT TTTACATAAA ATGAAAACAT TTAAAAAGAA
      AAAG       AAAG                       GT-1 GATABOX TATA       TATA
-476 AAAAGAAAAA AAAAGACAGC CCATTTTTGC TTTCAGCCAG ATAATAGACT CCCCCATCTA TAAAATCACC TTAACCTTCT TCCCTTCTCT ACTTCACAAC
         GT-1               CAAT-box                                              AAAG
-376 CTTTGTTCGA GTGTGCTGAG GAAAATAGCA ATCTTTTTGT TTGTTTTCTT GAGAGAGGGA GACAAGAACT CAGTAGTAGT GAAAGGGAGA GATGGAGGGA
                                                                      AAAG
-276 AAGGAAGAGG ATGTTAAGGT TGGAGCAAAC AGGTACGGAG AGAGGCAGCC CTTGGGCACA GCTGCTCAGA CAGACAAAGA CTACAAGGAG CCACCCCCAG
                      PRE          TATA            ABRE                                   W BOX
-176 CTCCTTTGTT TGAGCCAGGG GAGCTTTACT CATGGTCCTT CTATAGGGCT GGAATTGCAG AGTTCGTGGC TACCTTCTTG TTCCTCTACA TCACCATCTT
                   AAAG        TATCCA element
-76 GACTGTTATG GGTGTGGGCA AGTCTGAAAA GTGTAAAAGT GTGGGTATCC  -26  AAGGAATTGC TTGGGCTTTT GGTGGTATG
```

图 7.45　山核桃 *PIP1-3* 基因启动子顺式作用元件分析

第8章　山核桃嫁接转录组变化分析

目前，对山核桃嫁接已经进行了一定程度的研究，就嫁接成活过程而言，已经在形态结构、生理生化上有了一定程度的了解。刘传荷（2008）采集不同时间段嫁接部位的样品进行切片观察，明确了嫁接过程中从隔离层产生到维管束桥重新连接期间发生的复杂形态学变化，并采用免疫胶体金技术明确 IAA 在山核桃嫁接过程中的重要变化。但这些研究都未能揭示山核桃嫁接成活过程中更深层次的分子响应机理，因此本章对嫁接过程中的山核桃进行转录组分析，以便揭示其分子机理。

转录组是指特定组织在特定时间段或功能状态下转录出来的所有 RNA 的总和，包括 mRNA 和非编码 RNA。转录水平的调控是目前研究最多的、生物体最重要的调控方式（Huang et al., 2013；2015）。利用转录组测序技术分析玉米对干旱和冷胁迫的响应，共得到 184 280 个独立基因，分析得到大量在响应过程中差异表达的基因，并得到了赤霉素（GA）、ABA 等激素信号通路中的功能基因，为研究玉米对非生物胁迫的响应奠定了理论基础。小麦的转录组测序分析研究中，揭示了铜胁迫下小麦的抗性机理。这表明转录组测序的分析研究已经被作为一种分子机理研究的手段广泛应用。利用转录组测序分析也有助于揭示山核桃嫁接成活过程的分子响应机理。

8.1　Illumina 测序、组装和基因注释

采用 Illumina HiSeqTM2000/MiseqTM 测序平台对山核桃嫁接苗样本进行测序（Qiu et al., 2016），每个植物样本测序均进行 2 次生物学重复，分别进行 RNA 提取及测序文库的制备。实验共得到 4.19Gb 的数据，含 83 676 860 个干净读序（表 8.1）。利用 Trinity 组装软件将从山核桃 3 个嫁接阶段收集的转录数据，去除低拷贝、低读取的数据，得到平均长度为 1 088bp 的 160 638 个（N50:1984）转录片段。利用 RSEM 软件对于每个样品进行分析，有 93% 的数据与参考转录组的数据吻合。分类归并，最终平均长度为 659bp 的单基因簇有 89 633 个（N50:1092）[图 8.1（a）和（b）]。经统计确定，长度为 1 000～2 000bp 的转录本有 30 967 个（10%），长度大于 2 000bp 的有 27 983 个（9%）。长度范围 1 000～2 000bp 的功能基因有 8 821 个（5%），长度大于 2 000bp 的有 5 991 个（3%）[图 8.1（c）和（d）]。

表 8.1　山核桃样品测序产出数据质量评估结果

植物样本	原始读序数 / 个	干净读序数 / 个	干净碱基数 / 个	错误率 /%	Q20/%	Q30/%	GC 含量 /%
山核桃 0d 样本 1 号（Cc 0d 1）	15 301 929	15 275 235	0.76Gb	0.01	98.63	95.73	45.84
山核桃 0d 样本 2 号（Cc 0d 2）	12 174 411	12 155 643	0.61Gb	0.01	98.61	95.68	46.11
山核桃 7d 样本 1 号（Cc 7d 1）	14 362 247	14 341 103	0.72Gb	0.01	98.64	95.73	45.71
山核桃 7d 样本 2 号（Cc 7d 2）	14 813 196	14 784 877	0.74Gb	0.01	98.62	95.71	46.04
山核桃 14d 样本 1 号（Cc 14d 1）	15 014 421	14 992 983	0.75Gb	0.01	98.66	95.78	45.71
山核桃 14d 样本 1 号（Cc 14d 1）	12 146 267	12 127 019	0.61Gb	0.01	98.58	95.56	46.42

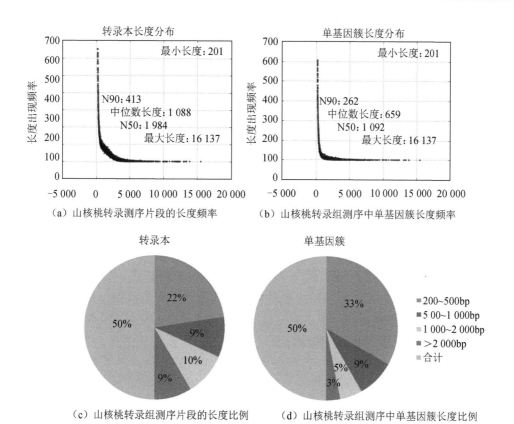

（a）山核桃转录测序片段的长度频率　　（b）山核桃转录组测序中单基因簇长度频率

（c）山核桃转录组测序片段的长度比例　　（d）山核桃转录组测序中单基因簇长度比例

图 8.1　山核桃转录组和非重复序列片段长度分布

对测序样本进行拼接、组装，共得到 160 638 个转录数据和 89 633 个山核桃单基因簇

利用 BLASTX 将转录数据与各种蛋白质数据库进行比较，并进行山核桃片段的功

能注释。在 NR、NT、KEGG、SwissProt、PFAM、GO 和 KOG 等数据库中分别有 37 084（41.37%）、17 990（20.07%）、7 010（7.82%）、25 438（28.38%）、25 582（28.54%）、29 947（33.41%）和 13 735（15.32%）个功能基因被注释（表 8.2）。基于这些注释，发现共有 41 603（46.41%）个基因片段至少在其中一个数据库中有注释，说明山核桃相当大一部分功能基因在所选择的蛋白库中没有注释，仍是未知的。

表 8.2　单基因簇在不同数据库中的注释情况

项目	单基因簇数量 / 个	百分比 /%
NR 中的注释	37 084	41.37
NT 中的注释	17 990	20.07
KEGG 中的注释	7 010	7.82
SwissProt 中的注释	25 438	28.38
PFAM 中的注释	25 582	28.54
GO 中的注释	29 947	33.41
KOG 中的注释	13 735	15.32
所有数据库中的注释	2 795	3.12
至少在一个数据库中有注释	41 603	46.41
总的单基因簇数量	89 633	100

8.2　GO 分类及 KEGG 分析

对山核桃单基因簇进行 GO 分类，共有 29 947 个（33.41%）单基因簇可分配到至少 1 个 GO 项中。在生物过程项中，最具代表性的就是"细胞过程"和"代谢处理"。在分子功能项中，"催化活动"和"结合反应"所含的单基因簇数量是最多的。细胞组分中最丰富的是细胞器、细胞、细胞部分（图 8.2）。

为了进一步揭示嫁接过程中的相关代谢途径，对组装得到的单基因簇序列进行 KEGG（京都基因与基因组百科全书）通路预测。共有 12 034 个单基因簇被预测参与到 248 个信号代谢途径中，这些代谢途径包括与细胞处理、环境信息处理、基因信息处理和代谢生物系统等相关的途径。有趣的是，KEGG 分析中基因最富集的是与新陈代谢相关的途径，如氨基酸代谢（1 106 条序列）、碳水化合物代谢（1 721 条序列）和能量代谢（1 461 条序列）（图 8.3）。

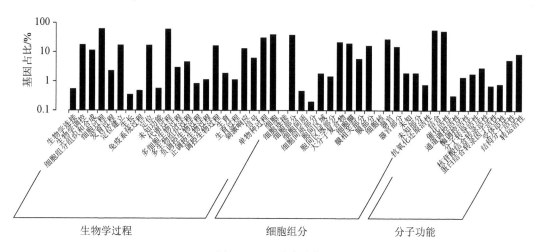

图 8.2　GO 分类结构

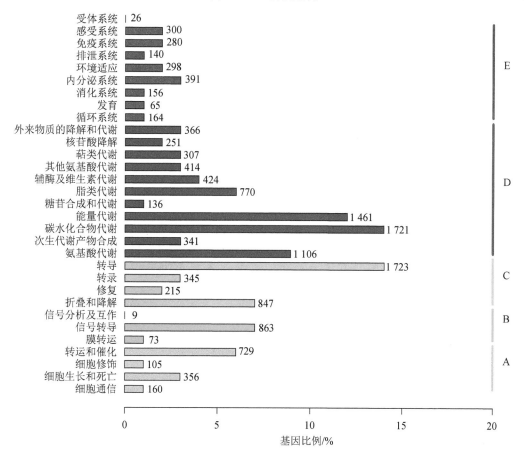

图 8.3　KEGG 分析结果

8.3 山核桃嫁接过程中差异表达基因分析

对山核桃嫁接 0d、7d 和 14d 样品的转录组测序结果进行基因表达分析。对嫁接过程中的转录组数据进行 RPKM 值计算，RPKM 值是比较不同样本间每个功能基因转录水平差异的均一化指标。用双重差异标准在 $P_{adj}<0.05$ 条件下分析得到 850 个显著的差异表达基因 [图 8.4（a）]。为了研究山核桃嫁接过程中主要的生长趋势和主要的移植状态，采用 K-means 法对差异表达基因进行分类，850 个差异表达基因被分配到 14 个类别中。在上调基因的类别中，类别 1 和类别 14 显示相似的基因表达模式，即在不同的嫁接时间点起均呈现上调趋势，且在嫁接 14d 时达到表达峰值。基因类别 2、11 和 13 也在嫁接处理中呈现上调趋势，但其在嫁接 7d 达到峰值。类别 3～6、8、10 和 12 在嫁接过程中显著下调。基因类别 7 和 9 在嫁接 7d 呈现下调趋势但在嫁接 14d 呈现上调趋势 [图 8.4（b）]。

采用相同的分析标准（双重差异标准和 $P_{adj}<0.05$）对 3 个嫁接时间点之间的差异表达基因进行两两比较，发现 3 个时间点的差异表达基因在数量上及交集上存在一定的差异。在 0d 和 7d 的样本比较中得到 777 个差异表达基因，其中有 324 个为上调基因，453 个为下调基因 [图 8.5（a）]。在 0d 和 14d 的样本比较结果中发现 262 个差异表达基因，其中有 38 个上调基因和 224 个下调基因 [图 8.5（b）]，这比 0d 与 7d 比较得到的差异表达基因明显要少。对比 7d 和 14d 的样本，得到的差异表达基因明显比前二者的比较少。仅有 22 个差异表达基因，其中 9 个为上调基因，13 个为下调基因 [图 8.5（c）]。比较 3 个不同时间点的转录组数据，发现更有趣的一点是，0d 和 7d 样本比较得到的差异表达基因与 0d 和 14d 比较得到的差异表达基因之间相对独立，具体地说，只有 203 个基因具有相关关系，其中 16 个为上调基因，187 个为下调基因 [图 8.5（d）和（e）]。

为了进一步得到嫁接过程中与这些差异表达基因相关的信息，对这些差异表达基因进行了 GO 分析。总的来说，比较 0d 和 7d 样本得到的差异表达基因可以富集到 11 个 GO 功能项，比较 0d 和 14d 样本得到的差异表达基因可以富集到 15 个 GO 功能项，GO 富集显示这些差异表达基因参与多种生物学过程及分子功能，如真菌响应、真菌防御响应、萜烯合成酶活性、氧化还原酶活性和碳氧合成酶活性 [图 8.5（f）和（g）]。

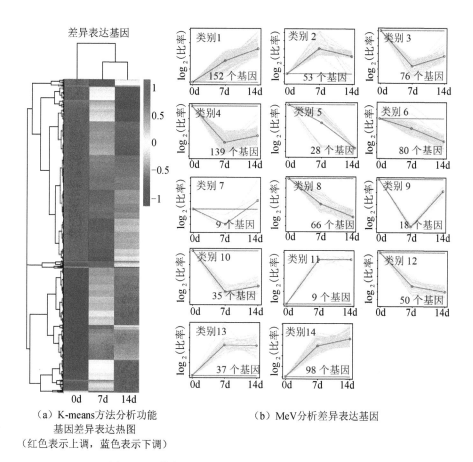

（a）K-means方法分析功能
基因差异表达热图
（红色表示上调，蓝色表示下调）

（b）MeV分析差异表达基因

图 8.4 山核桃嫁接过程中转录组的差异表达图谱

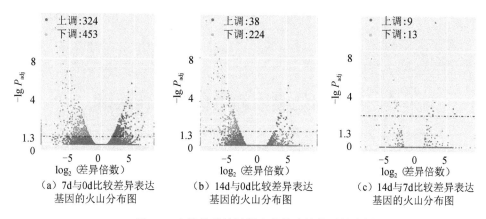

（a）7d与0d比较差异表达
基因的火山分布图

（b）14d与0d比较差异表达
基因的火山分布图

（c）14d与7d比较差异表达
基因的火山分布图

图 8.5 山核桃嫁接过程中差异表达基因的分析

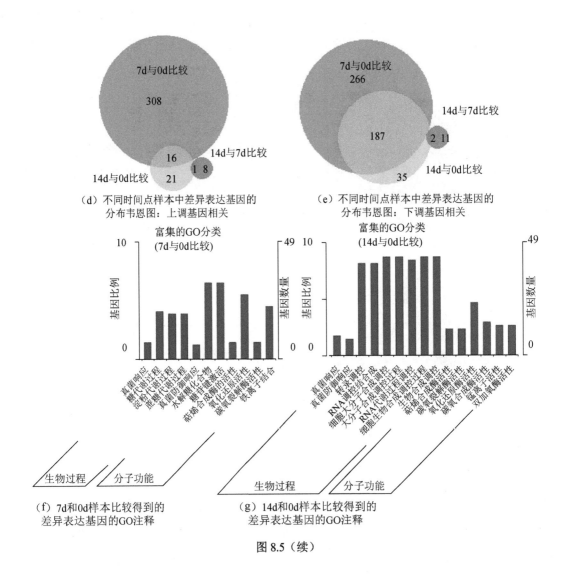

（d）不同时间点样本中差异表达基因的
分布韦恩图：上调基因相关

（e）不同时间点样本中差异表达基因的
分布韦恩图：下调基因相关

（f）7d和0d样本比较得到的
差异表达基因的GO注释

（g）14d和0d样本比较得到的
差异表达基因的GO注释

图8.5（续）

8.4 差异表达基因的蛋白质互作网络

为了进一步研究山核桃嫁接过程中所涉及的生物过程，对850个已知差异表达基因进行蛋白质互作分析。山核桃嫁接的PPI网络有47个蛋白质作为节点，蛋白质间根据从STRING数据库中获得的若干已知蛋白的物理互作关系进行连接。形成的PPI网络中，用不同的颜色表示不同的互作群体（图8.6）。

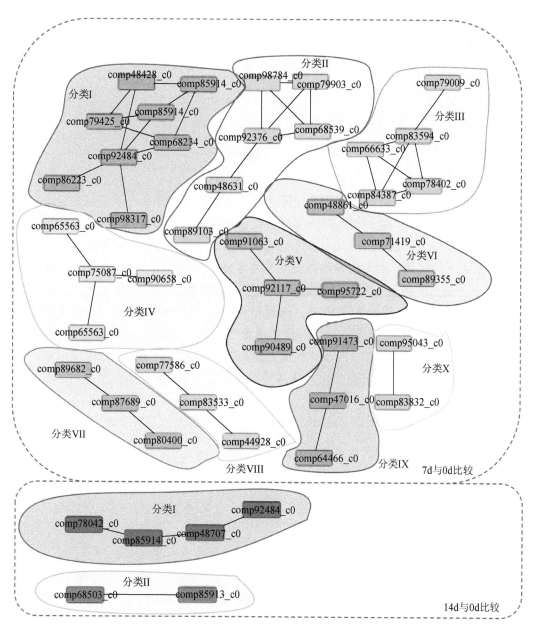

图 8.6　差异表达基因编码蛋白的互作网络图

分别用不同颜色表示 0d 和 7d 比较及 0d 与 14d 比较得到的差异表达基因的互作图

　　在 7d 和 0d 样本的差异表达基因比较中，得到了 10 个类别；但在 14d 和 0d 的差异表达基因比较中，只得到 2 个类别。最大的类别（分类 I）由 8 个与木质素生物合成和降解有关的蛋白组成。第 2 大类别（分类 II）由 6 个与 R 基因调节抗病性有关的分子伴侣蛋白组成。5 个核糖体蛋白被归类为第 3 大类别（分类 III）。由 14d 和 0d 的差异表达基因对比确定 2 个蛋白互作类别：分类 I（涉及木质素生物合成）和分类 II（参与非生物胁迫的转录阻遏物）。有趣的是，7d 与 0d 比较和 14d 与 0d 比较所得到的与木质素生物合成和降解有关的蛋白质存在显著性差异。

8.5 嫁接过程中生长素和细胞分裂素信号途径的基因表达

已有研究表明，生长素与细胞分裂素在植物嫁接过程中具有一定的作用，因此对转录组数据中涉及生长素和细胞分裂素信号途径的基因表达进行分析，以揭示这 2 种激素信号途径在山核桃嫁接过程中参与的活动。为研究嫁接过程中的信号响应，对生长素转录因子的转录丰度、代谢通路及信号通路进行分析（图 8.7）。从图中可知，大部分编码生长素转录蛋白的基因在嫁接过程中转录丰度都发生了显著的变化，以生长素输出载体为例，部分单基因簇（comp42647_c0、comp56686_c0 和 comp59759_c0）在嫁接 14d 呈现上调趋势，但部分单基因簇（comp282487_c0、comp194811_c0 和 comp87897_c0）在嫁接 7d 及 14d 呈现下调趋势（图 8.7）。绝大部分生长素输入载体在嫁接过程中受到一定的影响，其中 4 个单基因簇（comp217649_c0、comp81392_c0、comp81435_c0 和 comp91337_c0）在嫁接过程呈现下调趋势（图 8.7）。在转录组数据中只搜索到 1 个编码 TIR/AFB 的基因，这个基因只在嫁接 14d 时被诱导表达。在转录组数据中得到 3 个 GH3（Gretchen Hagen 3）序列，分别为 comp41777_c0、comp65539_c0 和 comp85186_c0。有趣的是这 3 个 GH3 基因在嫁接响应早期（嫁接 7d）表达量达到最大值，在嫁接 14d 时表达量下降（图 8.7）。同时，在转录组数据中发现大量生长素响应基因（Aux/IAA 和 ARF 家族基因），这些基因在嫁接过程中呈现多样化的表达模式（图 8.7）。

此外，对山核桃嫁接过程中细胞分裂素信号途径相关的基因也进行了分析。值得一提的是，在嫁接过程有 11 个 HK/CRE 基因呈现上调趋势。但是部分 HK/CRE 基因（comp113371_c0、comp75037_c1、comp48382_c0 和 comp90336_c1）在嫁接 7d 时表达量达到最大值，在嫁接 14d 时呈现小幅度的下降趋势。在数据中发现 4 个 RR-A 基因，其中 2 个（comp69732_c0 和 comp75680_c0）在嫁接过程中表达量下降，而另外 2 个（comp63651_c0 和 comp89423_c1）在嫁接 7d 时表达量呈现上升趋势，但后续又呈现下调趋势。对于 RR-B 基因来说，comp212565_c0 基因在嫁接 7d 时呈现上调趋势，comp92083_c0 则在嫁接 14d 才呈现上调趋势，其他几个 RR-B 基因（comp48200_c0、comp87723_c0 和 comp202598_c0）则在嫁接 7d 和 14d 均呈现下调趋势（图 8.8）。

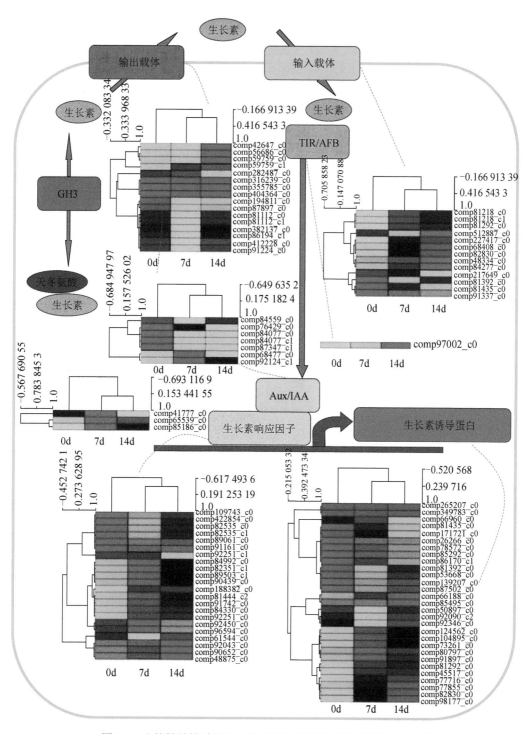

图8.7 山核桃嫁接过程中与生长素信号相关基因的转录丰度变化

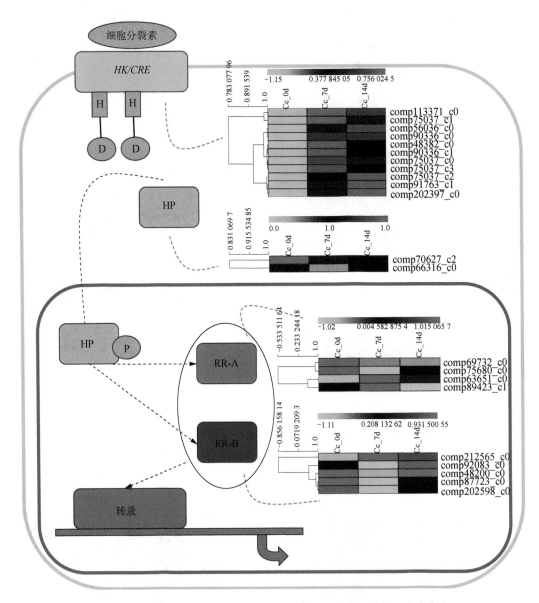

图 8.8　山核桃嫁接过程中与细胞分裂素信号相关基因的转录丰度变化

8.6　功能基因表达水平的 qRT-PCR 检验

　　为了验证转录组数据中与激素信号相关的差异表达基因，对不同嫁接阶段（0d、7d 和 14d）的嫁接接合部位进行样本采集并进行 qRT-PCR（实时荧光定量 PCR）试验。

从生长素和细胞分裂素信号途径中选择 20 个功能基因进行验证，包括 2 个输出载体、2 个输入载体、2 个 *Aux/IAA* 基因、2 个 *GH3* 基因、1 个 *ARF* 基因、5 个生长素诱导蛋白、2 个 *HK/CRE* 基因、2 个 *ARR-A* 基因和 2 个 *ARR-B* 基因。这些基因的表达水平与 RNA-Seq（转录组测序技术）结果基本一致（图 8.9）。

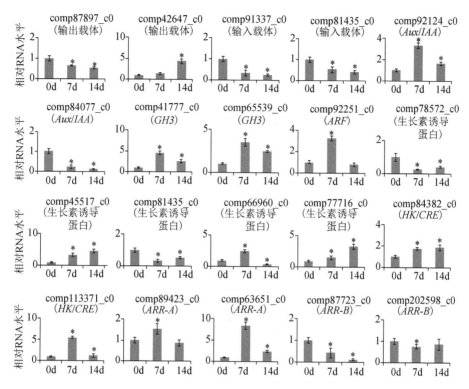

图 8.9　山核桃嫁接过程部分与激素相关基因的实时荧光定量 PCR 检验

所有的 RNA 都提取自山核桃嫁接过程中不同时间点的砧木与接穗，并与 *ACTIN* 基因进行比较

＊表示差异显著

8.7　讨　论

利用转录组测序对山核桃嫁接过程进行研究，有利于揭示嫁接过程的转录调控机制。对 6 个样本进行测序，共得到 4.19Gb 数据，含 83 676 860 条短读序列，山核桃单基因簇的平均长度为 659bp，测序数据可以用于探索非模式木本植物山核桃中的基因。

基于 GO 富集分类，在嫁接 0d 与嫁接 7d 的样本比较中得到大量参与碳水化合物代谢和能量代谢的差异表达基因。在嫁接 0d 和嫁接 14d 的样本比较中，大量差异表达基因与高分子生物合成过程相关。由果胶、碳水化合物、蛋白质和脂肪酸组成的黏合剂可以促进砧木和接穗之间的细胞粘结。代谢活动的激活和诱导有助于黏合材料合成所需的营养物质的运输。有趣的是，在嫁接 0d 与嫁接 7d 的样本比对及嫁接 0d 与嫁接 14d 的比对结果中，均发现"真菌响应"的 GO 富集项，这表明嫁接过程中存在快速的防御响应。此外，本次研究结果中，嫁接 0d 与嫁接 7d 的样本比对及嫁接 0d 与嫁接 14d 的比对均表明有"氧化还原活性"这一 GO 富集项，这说明嫁接过程激发了山核桃中的氧化还原系统。

嫁接接合部位愈伤组织的形成是嫁接的第一个也是最基础的一个反应，愈伤组织未完全形成是导致嫁接失败的主要原因。此外，连接部位木质部和韧皮部的重新连接也是嫁接成活的关键步骤。生长素和细胞分裂素是参与维管束分化和再连接过程中 2 种主要的植物激素（Qiu et al., 2016；Yuan et al., 2017），探究这 2 种激素在嫁接过程中的作用机理有利于更透彻地研究山核桃的嫁接成活过程。在山核桃中得到大量的 *ARF* 和 *Aux/IAA* 基因，它们在山核桃嫁接过程中表达模式的变化表明，生长素信号在植物嫁接过程的细胞分裂及维管束重建中起关键作用。山核桃中许多输出载体在嫁接中表达变化显著，说明增加生长素可以促进木质部中柱鞘细胞愈伤组织的形成。此外，山核桃中 3 个 *GH3* 基因的表达变化也说明其对嫁接的响应。在葡萄嫁接过程中，不同的 IAA-Asp 积累与 *GH3* 基因的表达模式相关。IAA-Asp 积累的变化在山核桃嫁接过程中起重要作用。

此外，越来越多的证据表明，细胞分裂素也参与植物维管束的分化。对细胞分裂素相关基因的表达进行分析，有利于揭示细胞分裂素信号在山核桃嫁接接合过程中的作用。细胞分裂素受体组氨酸激酶（HK/CREs）是细胞分裂素信号的主要组成部分，它通过与细胞分裂素结合激发磷酸化反应。在山核桃嫁接过程中，大部分 *HK/CRE* 同源基因的表达在嫁接后 7d 呈现显著上调趋势，这表明细胞分裂素在山核桃嫁接过程中受到活化。在山核桃转录组数据中仅有 4 个 *RR-A* 和 5 个 *RR-B* 得到注释。有趣的是，2 个 *RR-A* 同源基因和 1 个 *RR-B* 同源基因在嫁接后 7d 表达量上调，在嫁接后 14d 又恢复到嫁接 0d 的表达水平，说明这些基因的响应是在嫁接接合的早期阶段特有的。

初步的转录组分析有利于揭示植物嫁接过程中复杂的激素响应机制，也为进一步揭示山核桃嫁接过程中的信号响应机制奠定基础。

第 9 章　山核桃嫁接小 RNA 测序分析

　　miRNA 是一种内源性小 RNA，长度为 20 ～ 24nt（核甘酸数），在植物生长发育中起着至关重要的作用，是植物基因表达调控的关键因子。在植物体内，miRNA 主要从 miRNA 基因的基因座上产生。植物 miRNA 基因通过 RNA Pol II 酶进行转录，得到 miRNA 初级转录本（pri-miRNA），紧接着从 pri-miRNA 转变成 miRNA 前体。pre-miRNA 的二级结构可以形成茎环结构，在 DCL1 的作用下可以把其茎环结构或者尾巴切除，获得 miRNA : miRNA* 双链复合体，随后通过甲基化修饰，并且在 HASTY 蛋白的作用下，从核内转运至细胞质中，最后通过解旋酶的作用，得到成熟 miRNA，而另一条 miRNA* 则被逐渐降解。

　　miRNA 调控基因表达主要有 3 种方式，即 RNA 的切割、翻译抑制作用及转录沉默。根据与靶基因结合位点的结合强度，miRNA 主要通过 2 种方式对靶基因起调节作用，一种是 miRNA 通过碱基高度匹配方式与靶基因结合，这种方式能够使 mRNA 被 AGO 蛋白直接切割来调控靶基因；而另一种则是利用碱基互补配对的方式与目标 mRNA 结合，和很多种蛋白互作，从而抑制目标 mRNA 翻译。在植物中，miRNA 通过碱基互补配对的方式与靶基因 mRNA 结合，使得靶基因 mRNA 在特定位点裂解，从而调控基因表达。并且人们已经从 3′ 切割产物证实了这个模式，该切割的产物含有互补序列中间区域的 5′ 端。AGO1 基因也有很大的可能性参与调节作用，这就表明有很多的 AGO 蛋白参与这个调控作用。虽然植物中大部分 miRNA 都是直接切割目标 mRNA 从而调控靶基因，但是在植物的生长发育过程中，还有一些 miRNA 调控靶基因是通过抑制蛋白质翻译来完成的。例如，APETALA2（AP2）是一种转录因子，主要调控拟南芥的花发育过程，但是通过对 miRNA172 的过量表达发现，该 miRNA 靶基因的 mRNA 表达量没有减少，但是 AP2 蛋白量减少了，该 miRNA 就是通过这样的方式来调节 AP2 的各种作用的。而 miR854 和 miR156/157 也可以减少它们靶基因的蛋白表达量，但是不减少 mRNA 的表达量。

　　在植物中 miRNA 的靶基因可以编码调控蛋白的转录因子，由此可知在植物中 miRNA 主要是一种调控因子，对基因表达调控起着重要作用。根据目前已有的研究，

miRNA 在植物信号转导、器官的形态建成、生长发育及外界环境胁迫应答等生物学过程中都起着重要的作用。在植物发育的形态建成中，一些 miRNA 是直接产生作用的。例如，miR166 就直接对一些转录因子（如含有类似 IIIHD-ZIP 结构域）产生作用，而此时和它有关的靶基因 *phb* 与 *phv* 就能够产生各种获得性突变，从而增加这 2 个基因的转录本，因此发现这 2 种突变体的表型出现叶片近轴化，然而与其有关的另 1 个靶基因 *rev* 的获得性突变体表型为维管组织出现辐射状现象。而另 1 个 miRNA172 的靶基因是 *AP2*，众所周知，这个基因与花器官的形成有关。所以，miRNA172 过量表达的植物表现出花瓣变少、萼片转变为心皮表型，然而当抗 *AP2* 过表达时则会出现生殖器官形成花被的表型。miRNA 能够直接参与植物生长发育的形态建成，还可以参与植物的发育转换，如幼叶转变为成熟叶、花序分化转变为花器官生成和营养生长转为生殖生长等。

在植物激素应答途径中，miRNA 的靶基因是许多生长素信号转导基因，如 miRNA167 的靶基因就是 *ARF6* 和 *ARF8*，而 miRNA160 的靶基因则是 *ARF16* 和 *ARF10*。除此之外，miRNA 还在信号的相互作用过程中起着重要的作用。例如，miR164 可以同时调节其 3 个靶基因，即 *CUC1*、*CUC2* 和 *NAC1*，主要是在传导途径中调控这些信号间的相互作用，从而影响根、叶和花的发育。miRNA 除了参与植物内在的反应外，当植物受到外界环境胁迫时，它也在抗逆反应过程中起到重要的调控作用，并且一些 miRNA 还参与自身合成代谢的调节。

目前小 RNA 测序分为以下 3 个步骤：第一，构建 DNA 文库；第二，将构建的模板文库固定在平面或微球表面，通过微孔滴或桥式 PCR，或是原位成簇技术来扩增模板；第三，对这些 PCR 过程中的光信号进行采集并且记录，然后通过时序分析获得这些阵列图并且获得这些片段的序列。为了获得 miRNA，对 sRNA 的测序数据进行分析同样包含 3 个步骤：第一，通过测序的原始数据和已经存在的一些 miRNA 数据库进行比对，进行一些生物信息学分析，从而确定一些已知的 miRNA 功能情况；第二，根据 miRNA 前体的一些特异性的茎环结构通过一系列在线软件来预测新的 miRNA；第三，同样利用一些在线软件并且联系生物信息学一起对 miRNA 靶基因进行预测。

本章主要利用 Solexa 测序技术对山核桃嫁接过程中 miRNAs 进行测序和功能分析，以便进一步了解山核桃嫁接过程中 miRNAs 的调控机制。

9.1　山核桃 miRNA 文库构建、Solexa 测序及序列分析

提取山核桃嫁接后 0d、7d 和 14d 3 个时期的总 RNA，分别标记为 G0、G7 和 G14；G0 设为对照组，构建文库并进行测序。目前没有公布山核桃基因组序列，因此

参考的基因组为山核桃 454 基因组信息。将所有数据合并过滤后，采用比对软件 SOAP 将小 RNA 序列比对到该基因组，允许 1 个错配。为了更好地配对和进行后续的数据分析，将 3 个样本中的处理后读序分别比对到 NCBI（http://www.ncbi.nlm.nih.gov/blast/Blast.cgi）和 Rfam（http://www.sanger.ac.uk/Software/Rfam）数据库并允许 1 个错配。然后过滤掉 rRNAs（核糖体 RNA）、tRNAs（转运 RNA）、scRNAs（细胞质内小 RNA）、snRNAs（核内小 RNA）和 snoRNAs（核仁小分子 RNA），将 3 个样本的数据合并比对到所有植物非冗余成熟 miRNA 序列中（miRBase18.0，http://www.mirbase.org/index.shtml），允许 2 个错配。将获得的序列使用 RNAfold 软件来预测二级结构，从而确定是否保守（http://www.tbi.univie.ac.at/ ～ ivo/RNA/ViennaRNA-1.8.1.tar.gz），并获得保守 miRNA 的数目及家族分布。而剩余的 miRNA 则用 Mireap 软件进行新的 miRNA 预测（https://sourceforge.net/projects/mireap/）。

9.1.1　山核桃嫁接相关 miRNA 序列的基本情况

本节采用高通量 Solexa 测序技术对山核桃嫁接后 3 个不同时期的小 RNA 文库进行测序，这 3 个时期分别为嫁接后 0d、7d 和 14d（G0、G7 和 G14）。G0、G7 和 G14 通过小 RNA Solexa 测序，经质量预处理后，获得原始读序分别为 24 178 692（G0）条、21 053 214（G7）条和 25 985 000（G14）条（表 9.1），经过滤后每个样本的干净读序分别含有 23 920 471（G0）条、20 784 923（G7）条和 25 440 366（G14）条。随后将这些保留下来的序列与山核桃 454 基因组测序结果、miRBase 18.0、NCBI GenBank 及 Rfam 数据库进行比对，结果表明它们分别属于已知小 RNA（known miRNA）、核糖体 RNA（rRNA）、转运 RNA（tRNA）、核内小 RNA（snRNA）、核仁小分子 RNA（snoRNA）和未知小 RNA（unknown sRNA）（图 9.1）。

表 9.1　山核桃嫁接后 3 个不同时期的小 RNA 文库统计分析

项目	总 sRNAs 数/条	单 sRNAs 数/条
G0 文库		
原始读序	24 178 692	—
干净读序*	23 920 471	5 677 759
比对到基因组	5 008 672	285 487
比对到已知 miRNAs	2 299 835	40 896
未知 sRNAs	17 562 958	5 522 235
G7 文库		
原始读序	21 053 214	—

续表

项目	总sRNAs数/条	单 sRNAs数/条
干净读序*	20 784 923	4 626 678
比对到基因组	5 916 530	285 847
比对到已知 miRNAs	2 284 689	46 774
未知sRNAs	13 918 918	4 428 827
G14 文库		
原始读序	25 985 000	—
干净读序 *	25 440 366	5 156 299
比对到基因组	8 241 439	307 679
比对到已知 miRNAs	3 657 771	47 645
未知sRNAs	15 699 933	4 913 829

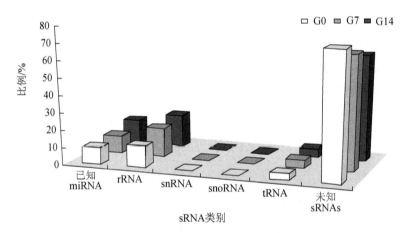

图 9.1 在山核桃中 G0、G7 及 G14 3 个 sRNA 文库中的不同种类 sRNA 读序的分布情况

G0、G7 和 G14 分别代表嫁接后 0d、7d 和 14d 小 RNA 测序文库

由图 9.1 中可以看到,在 G0、G7 和 G14 这 3 个文库中,未注释的小 RNA 占大多数,在注释的 miRNA 中,核糖体 RNA(rRNA)占大部分,依次是已知的 miRNA、tRNA,snoRNA 和 snRNA 的数量很少,这与植物体内 miRNA 的分布情况是一致的。并且从图中可以看出,已知的 miRNA 和 rRNA 读序的百分比都是随着嫁接后时间的延长而逐渐上升的,已知的 miRNA 读序百分比由 10.23% 提高到 19.40%,然后升到 28.16%,而 rRNA 读序百分比由 13.22% 上升到 24.78%,最后升到 30.17%(图 9.1)。这表明在整个嫁接生长过程中,已知的 miRNA 和 rRNA 可能起着重要的作用。然而,从图中可以发现,随着嫁接后时间的延长,那些未注释的 miRNA 的百分比逐渐下降,表明可能在整个嫁接生长过程中有一些未注释的 miRNA 在逐渐减少。并且在这些序列中,每个样

本唯一的序列分别含有 5 677 759（G0）条、4 626 678（G7）条和 5 156 299（G14）条（表9.1）。同样可以从表中看到，这些未注释的 miRNA 在这 3 个样本中分别含有 17 562 958（G0）条、13 918 918（G7）条和 15 699 933（G14）条，这些未注释的 miRNA 都能够被预测成新 miRNAs，这表明在山核桃基因组中还有大量的新 miRNAs 有待于进一步确认。

根据已有报道，有功能的小 RNA 的长度为 20～24nt，因此我们分析了长度为 18～30nt 的山核桃小 RNA。图 9.2 为山核桃小 RNA 长度分布情况，结果表明 sRNA 在 G0、G7 和 G14 中的长度分布趋势基本相同，其中 24nt 所占的比例最大，其次是 21nt，这与前人研究结果相符合。由图 9.2 可以看出，长度为 24nt 的 sRNA 在不同时期所占的比例分别为 44.06%（G0）、40.42%（G7）和 36.31%（G14）；而长度为 21nt 的 sRNA 在 3 个时期基本一致，大概都占 20%。然而有趣的是，21nt 的 sRNA 数量随着嫁接后时间的延长慢慢增加，而 24nt 的 sRNA 则刚好相反，从 G0、G7 再到 G14 逐渐下降，这说明 21nt 和 24nt 的 sRNA 在山核桃嫁接过程中起着不同的调控作用。

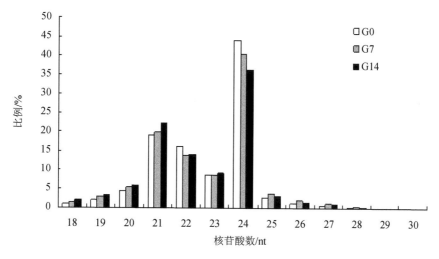

图 9.2　山核桃 sRNA 读序大小的分布情况

9.1.2　山核桃嫁接过程中保守 miRNA 的分析

将与山核桃 454 基因组数据库比对的 sRNAs 比对到植物非冗余成熟 miRNA 数据库 miRBase18.0 中，允许 2 个错配。我们可以确定山核桃不同嫁接时期已知 miRNA 的数量分别是 40 896（G0）、46 774（G7）和 47 645（G14）（表9.1）。将低丰度（<5 读序）序列去除，然后利用 RNAfold 软件预测剩下序列的二级结构来筛选保守 miRNA（表9.2）。从表中可以看出，这 21 个山核桃保守 miRNA，分布在 13 个已知的 miRNA 家族当中，而在这 21 个保守 miRNA 中，已经检测出 9 个 miRNA 的小 RNA 前体

（miRNA*）。在这 3 个 sRNA 文库中，这些 miRNA 基因家族中一些保守家族如 cca-miR2118 家族成员最多，其次是 cca-miR172 和 cca-miR390。而对这些 miRNA 基因家族来说，一些基因家族如 miR159、miR162 和 miR167 都有高表达水平，而另一些如 cca-miR156、cca-miR530 和 cca-miR827 却是低水平表达。

表 9.2 山核桃嫁接过程中保守 miRNAs 分析

成员	miRNA 序列（5′→3′）	大小 /nt	端部	G7 /G0	G14 /G0	miRNA* 序列（5′→3′）	前体 长度 /nt	miRNA 位置
cca-miR156a	UGACAGAAGAG AGAGAGCAC	20	5′	2.09	2.14		213	S1-contig20796: 239:451
cca-miR156b	UGACAGAAGAG AGAGAGCAC	20	5′				213	S2-contig03286: 470:682
cca-miR159a	UUGCAUAACUC GGGAGCUUC	20	3′	0.51	0.41		110	S1-contig00386: 825:934
cca-miR159b	UUGCAUAACUC GGGAGCUUC	20	3′				110	S2-contig21174: 824:933
cca-miR160	GCGUAUGAGGA GCCAUGCAUA	21	3′	2.23	2.31	UGCCUGGCUCCC UGUAUGCCA	122	S1-contig17417: 140:261
cca-miR162	UCGAUAAACCU CUGCAUCCAG	21	3′	0.57	0.72	GGAGGCAGCGGU UCAUCGACC	125	S1-contig10935: 510:634
cca-miR167	UGAAGCUGCCA GCAUGAUCUA	21	5′	0.97	1.86		105	S1-contig12781: 470:574
cca-miR171a	UGAUUGAGCCG UGCCAAUAUC	21	3′	0.97	0.82	UAUUGGCCUGGC UCACUCAGA	139	S1-contig03840: 260:398
cca-miR171b	UGAUUGAGCCG UGCCAAUAUC	21	3′				106	S1-contig04024: 118:223
cca-miR172a	AGAAUCUUGAU GAUGCUGCAU	22	3′	0.68	0.31	UAGCAUCAUCAA GAUUCACAU	140	S1-contig24571: 830:969
cca-miR172b	AGAAUCUUGAU GAUGCUGCAU	22	3′			UAGCAUCAUCAA GAUUCACAU	140	S2-contig24766: 143:282
cca-miR390a	AAGCUCAGGAG GGAUAGCGCC	21	5′	0.67	0.60	CGCUAUCUAUCC UGAGUUUCA	126	S1-contig00035: 117:242
cca-miR390b	AAGCUCAGGAG GGAUAGCACC	21	5′	0.58	0.48		113	S1-contig15630: 137:249
cca-miR397	UCAUUGAGUGC AGCGUUGAUG	21	5′	0.55	0.28		88	S2-contig20035: 1:88

成员	miRNA 序列（5′→3′）	大小 /nt	端部	比例		miRNA* 序列（5′→3′）	前体长度 /nt	miRNA 位置
				G7/G0	G14/G0			
cca-miR482a	UCUUUCCUAGU CCUCCCAUUCC	22	3′	0.77	0.84		96	S1-contig24624: 282:377
cca-miR482b	UCUUUCCUACU CCUCCCAUUCC	22	5′	0.57	0.73		320	S1-contig01252: 775:1094
cca-miR482c	UCUUUCCUACU CCUCCCAUUCC	22	5′				305	S2-contig06770: 136:440
cca-miR482d	GGAAUGGGCUG UUUGGGAUG	20	5′	2.96	2.10	UUCCCAAAGCCG CCCAUUCCGAU	126	S2-contig16425: 95:220
cca-miR530	UGCAUUUGCAC CUGCACCUAU	21	5′	1.42	1.37		107	S1-contig10678: 21:127
cca-miR827	UUAGAUGCCCA UCAACGAACA	21	3′	0.54	0.28	UUUGUUGAUGG UCAUUUAAU	108	S1-contig13866: 108:215
cca-miR2118	UUGCCAAUUCC ACCCAUUCCAA	22	3′	0.92	1.03	GGACAUGGGUG AAUUGGUAAGG	90	S2-contig02512: 106:195

9.1.3　山核桃中新 miRNA 的分析

根据以前出版的关于植物新 miRNA 的注释标准，miRNA*（miRNA 反义链）序列的发现为新预测 miRNA 的真实性提供了重要证据。根据这一准则，本节中的 10 个新 miRNA 及和它们相关的 miRNA* 在山核桃嫁接过程中属于 8 个新 miRNA 基因家族，另外还找到 7 个潜在的新 miRNA，但遗憾的是我们没有发现和其有关的 miRNA*（表 9.3）。检测到成熟的新 miRNA 大部分长度约 21nt，而新 miRNA 和潜在的新 miRNA 前体长度在 68 ~ 161nt，长度算术平均数约为 108nt。它们的平均最小折叠能（MFE）为 -39.0kcal·mol^{-1}（1cal=4.190J），从 -20.3kcal·mol^{-1} 到 -60kcal·mol^{-1} 不等。无论是在 miRNA 还是潜在的 miRNA 前体中，大部分的第 1 个核苷酸都是尿苷酸（U），这与在杨树中的早期研究是一致的。新 miRNA 和潜在的新 miRNA 前体的表达丰度也存在差异，它们的读序从 0 到 47 438 大小不等（表 9.3）。在新 miRNA 和潜在的新 miRNA 前体中，除了 cca-miRS2、cca-miRS3、cca-miRS11、cca-miRS12 及 cca-miRS14 在 3 个 sRNA 文库中都能找到，许多新 miRNA 和潜在的新 miRNA 前体都只存在于单一文库中，这可能是因为测序还不够完全或在山核桃嫁接过程中许多 miRNA 被抑制。

表9.3 山核桃中新miRNAs及潜在的新miRNAs分析

miRNA	miRNA序列 (5'→3')	大小/nt	端部	读序			前体长度/nt	最小折叠能 /(kcal·mol⁻¹)	miRNA位置
				G0	G7	G14			
cca-miRS1a	UCUGAGGGAGUUGGAGAAUUG	21	3'	16	0	0	106	−29.1	S1-contig00325:125:230
cca-miRS1a*	AAAGUCUGUUCCUCCGCUUAGCUG	24	5'	1	0	0			
cca-miRS1b	UCUGAGGGAGUUGGAGAAUUG	21	3'	16	0	0	106	−29.1	S2-contig26861:50:155
cca-miRS1b*	AAAGUCUGUUCCUCCGCUUAGCUG	24	5'	1	0	0			
cca-miRS2	AAUGGGAAGAUAGGAAAGAAC	21	5'	36 172	47 438	41 174	115	−41.8	S1-contig011252:1043:1157
cca-miRS2*	UCUUUCCUACUCUCCCCAUUCC	22	3'	425	211	333			
cca-miRS3	AGUGGGAAAGGCAGGAAAGAAA	21	5'	10 171	13 575	18 636	90	−35.8	S1-contig24624:286:375
cca-miRS3*	UCUUUCCUAGUCUCCCAUUCC	22	3'	5	5	3			
cca-miRS4	GCGUAUGAGGAGCCAUGCAUA	21	3'	0	855	0	122	−54.6	S1-contig17417:140:261
cca-miRS4*	UGCCUGGCUCCCUGUAUGCCA	21	5'	0	248	0			
cca-miRS5a	UCCCUUGGAUGUCGUCCUGU	21	5'	0	525	1 224	80	−22.9	S1-contig23560:1836:1915
cca-miRS5a*	AAGACACUUGCGAAGGGGAU	20	3'	0	6	6			
cca-miRS5b	UCCCUUGGAUGUCGUCCUGU	21	5'	0	525	1 224	80	−22.9	S2-contig26221:288:367
cca-miRS5b*	AAGACACUUGCGAAGGGGAU	20	3'	0	6	6			
cca-miRS6	UGGACAUGGGGUGAAAUUGGUAAG	22	5'	0	29 676	26 418	108	−57.9	S2-contig02512:98:205
cca-miRS6*	UUGCCAAUUCCACCAUUCCAA	22	3'	0	11 043	10 213			
cca-miRS7	UCCCUACUCCCGCCAUGCCAUA	22	3'	0	0	3 430	88	−50.8	S1-contig06943:606:693
cca-miRS7*	UGGUAUGGGCGAGUGGGAAG	21	5'	0	0	43			
cca-miRS8	UCAUCGAGGUGGAGUUUGGCU	21	5'	0	0	8	68	−20.3	S2-contig02707:167:234
cca-miRS8*	UCAAAAUCGCAAGGUGGAGA	20	3'	0	0	7			
cca-miRS9	UGCUAUCUAUCCUGAGUGC	20	3'	34	0	6	115	−60	S1-contig15630:135:249
cca-miRS10	UCAAGGUCCAAGGUUCAACAC	21	5'	0	0	5	86	−35.3	S1-contig04790:479:564
cca-miRS11	UUUUGGACAAAUCAGAUGAUG	21	3'	7	21	17	144	−29.86	S2-contig15510:237:380
cca-miRS12	UUUGUUGAUGGUCAUUUAAUG	21	5'	1 390	1 078	707	87	−41.2	S1-contig13866:118:204
cca-miRS13	UUGUAGAUGUCGACGACGGAG	21	3'	6	6	0	161	−43.1	S2-contig03553:19:179
cca-miRS14	AGGUGCAGGUUUAGGUGCAAA	21	3'	107	71	106	126	−43.2	S1-contig10678:3:128
cca-miRS15	GGACGCGUGAUGAGUACCAGAG	21	3'	0	10	0	154	−45.59	S1-contig15644:44:197

9.2　山核桃嫁接不同时期 miRNA 差异表达分析

山核桃 miRNA 差异表达分析主要是计算 G0、G7 和 G14 这 3 个小 RNA 文库中 miRNA 的表达量。miRNA 表达量通过 RPM（reads per million reads）值来计算，即每百万读序中来自于某基因的读序数。计算公式为

RPM= 比对上的读序数 ×1 000 000/ 统计得到的总读序数

基于卡方检验分别筛选 3 样本中的每 2 个样本之间的差异表达 miRNA，筛选条件为 $P \leqslant 0.05$ 且差异倍数 $\left(\log_2 \dfrac{\text{样本 1RPM}}{\text{样本 2RPM}}\right)$ 在 2 倍以上的基因。P 的计算方法参照 Audic 和 Claverie 等（1997）和 Man 等（2000）的方法。

在山核桃嫁接过程中，为了对 miRNA 进行差异性表达分析，我们比较了 3 个 sRNA 文库中 miRNA 序列的表达丰度关系。确定 miRNA 表达显著差异必须满足的条件是，2 个 sRNA 文库的比例（G7/G0 或者 G14/G0）必须大于 2 或者小于 0.5，并且这 3 个文库中这些 miRNAs 的标准读序必须大于 1。从表 9.4 中可以看出，9 个保守 miRNA 家族中的 12 个保守 miRNAs 在整个山核桃嫁接过程中的表达都是显著变化的。一些应答 miRNA 的成熟 miRNA 序列是一致的，但 miRNA* 是不同的，如 cca-miR156a 和 cca-miR156b、cca-miR159a 和 cca-miR159b 及 cca-miR172a 和 cca-miR172b，并且只有 cca-miR156、cca-miR160 和 cca-miR482 属于上调基因，其他的 miRNA 都属于下调基因（表 9.4）。对上调基因来说，G14/G0 的值要比 G7/G0 大，而对下调基因来说正好相反，G14/G0 要比 G7/G0 的值小（表 9.4）。这些 miRNAs 明显的表达差异表明这些基因在山核桃嫁接过程中起着至关重要的作用。另外，在 G0 这个小 RNA 文库中没有发现 cca-miRS4、cca-miRS5、cca-miRS6 和 cca-miRS7 的序列，但是在 G7 和 G14 文库中它们的标准读序长度都大于 20，因此推测这些小 RNA 属于应答 miRNA。

表 9.4　山核桃嫁接过程中 miRNAs 的表达分析

家族	miRNA	序列（5′→3′）	标准化读序			比例		表达调控
			G0	G7	G14	G7/G0	G14/G0	
156	cca-miR156a	UGACAGAAGAGAGAGAGCAC	9.336	19.490	19.971	2.09	2.14	上调
	cca-miR156b	UGACAGAAGAGAGAGAGCAC						
159	cca-miR159a	UUGCAUAACUCGGGAGCUUC	76.759	39.315	31.444	0.51	0.41	下调
	cca-miR159b	UUGCAUAACUCGGGAGCUUC						
160	cca-miR160	GCGUAUGAGGAGCCAUGCAUA	18.215	40.696	42.028	2.23	2.31	上调

续表

家族	miRNA	序列（5′→3′）	标准化读序			比例		表达调控
			G0	G7	G14	G7/G0	G14/G0	
172	cca-miR172a	AGAAUCUUGAUGAUGCUGCAU	548.099	374.655	168.383	0.68	0.31	下调
	cca-miR172b	AGAAUCUUGAUGAUGCUGCAU	548.099	374.655	168.383			
390	cca-miR390b	AAGCUCAGGAGGGAUAGCACC	151.402	87.779	72.545	0.58	0.48	下调
397	cca-miR397	UCAUUGAGUGCAGCGUUGAUG	137.419	74.960	38.165	0.55	0.28	下调
482	cca-miR482d	GGAAUGGGCUGUUUGGGAUG	205.008	606.635	430.055	2.96	2.10	上调
827	cca-miR827	UUAGAUGCCCAUCAACGAACA	5.062	2.716	1.429	0.54	0.28	下调
S12	cca-miRS12	UUUGUUGAUGGUCAUUUAAUG	57.673	51.371	27.311	0.89	0.47	下调

为了验证在山核桃嫁接 0d、7d 和 14d 后保守 miRNAs 和新 miRNAs 的表达水平差异，从中选取了 14 个 miRNAs 来进行 qRT-PCR 验证，这 14 个 miRNAs 包含 7 个保守 miRNAs 和 7 个新 miRNAs，并且这 7 个保守 miRNAs 的表达差异很明显（图 9.3）。qRT-PCR 的结果显示，在山核桃嫁接后 7d 和 14d（0d 为对照），除了其中 3 个小 RNA cca-miRS4、cca-miRS5 和 cca-miRS6 与 Solexa 测序表达结果不一致，其余 11 个 miRNAs 都显示出与 Solexa 测序结果相同的表达趋势。例如，Solexa 测序结果显示 cca-miR156a-b 基因在山核桃嫁接后 7～14d 是上调的，而 qRT-PCR 结果也显示同样的表达趋势。但是二者之间的表达量还是有一点差异的。根据测序数据，miR397 的 G14/G0 的值为 0.28，但是 qRT-PCR 的结果为 0.72；cca-miRS4 只存在于 G7 这个 sRNA 文库中，cca-miRS5 和 cca-miRS6 只在 G7 和 G14 2 个 sRNA 文库中被检测到，通过 qRT-PCR 发现这 3 个 miRNA 在 G0、G7 和 G14 3 个文库中都有表达，但这些 miRNA 的表达量都比较低。这可能是因为这些低水平表达的 miRNA 在 Solexa 深度测序文库里不能够充分表现出来。另外，无论是 qRT-PCR 还是 Solexa 测序，我们都发现山核桃嫁接后从 0d 到 7d 再到 14d，cca-miR159a-b、cca-miR172a-b、cca-miR390b 和 cca-miR397 表达量随着时间的推移而逐渐下降，而 cca-miR156a-b 和 cca-miR160 的表达量则随着时间的推移而逐渐上升，不过 cca-miR482d 是先上升后下降。

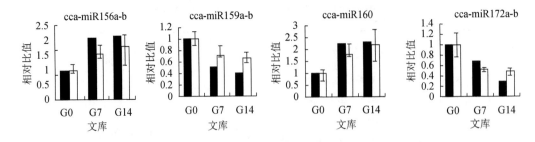

图 9.3　山核桃嫁接 0d、7d 和 14d 后砧木和接穗中 miRNA 表达量分析及其 qRT-PCR 验证

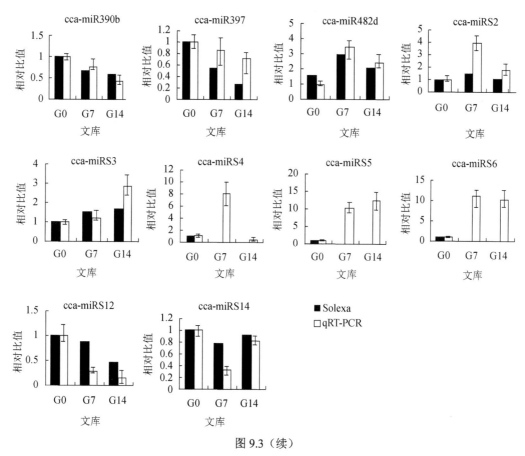

图 9.3（续）

内参基因为 5.8S rRNA，以 0d miRNA 表达量为对照

9.3　miRNA 靶基因预测及表达量验证

9.3.1　miRNA 靶基因预测

利用生物信息学方法预测有关 miRNA、潜在的新 miRNA 及新 miRNA 的靶基因，通过与水稻、杨树、拟南芥、玉米及葡萄的基因组注释比较获得所预测靶基因的功能。通过预测，发现 89 个保守 miRNA 的靶基因、26 个新 miRNA 的靶基因，每个 miRNA 的靶基因从 1 到 41 个不等。由于山核桃基因组不够完全，因此还有许多 miRNAs 没有预测到靶基因，如 cca-miR482 和 cca-miR530。这些靶基因在植物的大部分生长发育阶段起着至关重要的作用，包括能量代谢、信号转导、激素调节及电传递。例如，cca-miR390 的靶基因主要编码一种 ATP 结合蛋白，并与 ABC 转运蛋白一起作用，利用 ATP 水解的能量使其从基质转运穿过细胞膜。早期的研究表明，cca-miRS13 的靶基因

编码 NAC 区域蛋白，而杨树的木材形成主要就是通过 NAC 区域蛋白的协调机制来调控的。这些靶基因的不同功能都表明保守的 miRNAs、潜在的新 miRNAs 及新 miRNAs 在山核桃嫁接过程中起着重要的调控作用。

9.3.2 miRNA 与靶基因表达量验证

为了验证 miRNAs 和其靶基因之间的关系，我们选取 4 个 miRNA（cca-miR156、cca-miR159、cca-miR390 和 cca-miR827）靶基因进行 qRT-PCR 分析，结果表明 miRNAs 与其相关的靶基因之间是逆表达调控关系（图 9.4）。而这一结果也进一步验证了有关 miRNAs 的 Solexa 测序结果的可靠性。

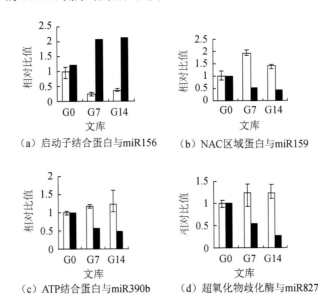

（a）启动子结合蛋白与miR156　　（b）NAC区域蛋白与miR159

（c）ATP结合蛋白与miR390b　　（d）超氧化物歧化酶与miR827

图 9.4　山核桃嫁接 0d、7d 和 14d 后砧木和接穗中 miRNA156、miRNA159、miRNA390b 和 miRNA827 的靶基因的表达量分析

内参基因为 *ELF1a-1* 基因，对照组为 0d 的靶基因；黑色为 miRNA，白色代表其靶基因

9.4　讨　论

嫁接是无性繁殖手段中最常用的一种手段，有关 miRNA 在山核桃嫁接过程中的作用还未见报道。我们研究建立了山核桃嫁接后 0d、7d 和 14d 的 sRNA 文库，通过高通量测序 sRNA 文库获得 70 145 760 个干净读序，并且在山核桃嫁接过程中确定了属于 13 个 miRNAs 家族的 21 个保守 miRNAs、属于 13 个 miRNAs 家族的 10 个新 miRNAs 及 7 个潜在的新的 miRNAs。在这些小 RNA 中，12 个 miRNAs 在山核桃嫁接过程中

表达差异明显。由于有关山核桃 miRNA 的报道比较少，目前只有王正加等在山核桃花芽分化的 2 个时期建立了 2 个 miRNA 文库，确定了来自 114 个位点的 39 个保守 miRNAs 序列，以及 2 个新的和 10 个潜在的新的 miRNAs。我们的研究结果能够充实现有山核桃 miRNA 数据库。

我们新发现了一些山核桃保守 miRNA，如 cca-miR156、cca-miR159、cca-miR390、cca-miR482a ～ d、cca-miR530 和 cca-miR2118，但是也有一些保守 miRNA 基因在我们的研究中没有被发现，如 cca-miR166、cca-miR169、cca-miR319 和 cca-miR399 等。这可能是由于预测 miRNA 的山核桃基因组数据库不同而造成的，也可能是由于在开花期和嫁接过程中 miRNA 的表达水平不同造成的。以前有研究表明，cca-miR156 在杨树和野生大豆中是保守 miRNA 中丰度最高的 miRNA，但我们的研究与这些在杨树和野生大豆中的研究不符，该 miRNA 在山核桃嫁接过程中表达水平非常低。以前的研究中表达水平很低的 cca-miR2118 基因在本研究中丰度很高，可能是因为该 miRNA 在山核桃嫁接过程中被诱导，并在整个过程中起着至关重要的作用。有研究表明，新 miRNA 的表达量一般低于保守 miRNA，但是在本研究中我们发现新 miRNA，如 cca-miRS2 和 cca-miRS6 比保守 cca-miR2118 的表达量要高。无论在哪个 miRNA 文库中，我们都发现大部分新 miRNA 的表达量比较低。并且在山核桃中保守 miRNA 和新 miRNA 前体表达量都比与其相关的成熟 miRNA 要低（表 9.2 和表 9.3），这就很好地说明了 miRNA 的前体都是不稳定的，容易被降解。

在山核桃嫁接过程中，我们发现了 10 个新 miRNAs 和 7 个潜在新 miRNAs，在山核桃嫁接过程中涉及砧木和接穗之间愈伤组织的形成，这些新的 miRNA 可能参与这个愈合反应，如 cca-miRS1a 和 cca-miRS1b 基因就只在 G0 miRNA 文库中被检测到，这说明它们的表达在形成愈伤组织过程中被抑制。因此，在对 miRNA 进行表达差异性分析时，应该排除这些 miRNAs，因为无论在 7d 还是 14d 时期都有愈伤反应。

根据 miRNAs 的差异表达，发现在嫁接过程中许多 miRNAs 都是下调的，而在山核桃花发育过程中所有的 miRNAs 的表达却是上调的。另外，在我们的研究中 cca-miR482d 和 cca-miR160 在山核桃嫁接过程中起重要的调控作用，但在杨树中 cca-miR482d 对病原体产生响应，cca-miR160 对低温产生应答，并且当处于不同的生长发育条件下，某些 miRNAs 还能表现出更加复杂的调控机制。

miRNAs 靶基因转录水平的相对丰度与该 miRNAs 的相对丰度有很大联系。一般来说，如果一个 miRNA 上调，那么与其相关的靶基因的丰度则会下降。我们的研究发现 cca-miR156 是一种上调 miRNA，在山核桃嫁接过程中它的靶基因所编码的蛋白下调（图 9.4）。在叶的生长发育、营养生殖转变、花和果实的形成及植物形态建成等方面，这些结合蛋白都起着重要的作用。另外，我们的研究发现 cca-miR159 是一种下调 miRNA，而与其对应的靶基因所编码的 NAC 结构蛋白则被诱导。NAC 蛋白能够参与包括枝条顶端分生组织的形成、植物激素调控及防御功能在内的许多发育过程，这表明在山核桃嫁接过程中 cca-miR156 和 cca-miR159 的相互作用促进了愈伤组织的形成。在山核桃嫁接过程中 cca-miR390b 基因的下调作用导致了其靶基因编码的 ATP 结合蛋白大量增加，从而通过水解 ATP 运输不同的底物穿过细胞膜来促使砧木和接穗的愈合。另外，cca-miR827 基因的靶基因所编码的超氧化物歧化酶能够保护细胞不被创伤引起的活性氧（ROS）氧化。当 cca-miR827 开始下调时，超氧化物歧化酶会在植物嫁接过程中触发其防御机制。这些结果都表明，把 miRNAs 的表达与其靶基因结合起来研究，更加有助于了解山核桃嫁接过程中的调控机制。总的来说，了解和确定与山核桃嫁接过程有关的 miRNAs 将有助于我们了解树木嫁接过程中 miRNAs 的调控机制。

第10章　山核桃嫁接蛋白质组差异分析

山核桃广泛分布于我国南方省份的丘陵山地（艾呈祥等，2006）。山核桃因其营养丰富、油类含量高、可加工性好等特点，深受国内外广大消费者的喜爱（Wang et al.，2017）。山核桃树皮平滑，灰白色；小枝细瘦，新枝密被盾状着生的橙黄色腺体，长大后腺体逐渐稀疏；1年生幼苗枝条紫灰色，上端常覆盖稀疏的柔毛，皮孔呈圆形，非常稀疏。山核桃的果实由于具有非常高的营养价值和良好的口感风味，得到了广大消费者的青睐。在自然状态下，山核桃产量的增长受限于其漫长的童期，而嫁接正是解决这个问题的捷径（Sima et al.，2015；郑炳松等，2002）。嫁接可以显著地缩短山核桃的童期，从而达到扩大栽培的目的（Zheng et al.，2010）。

蛋白质是一切生命活动的载体，是一切生命的物质基础。作为1种有机大分子物质，蛋白质是构成细胞的基本有机物，是生命活动的主要承担者和执行者。没有蛋白质就没有生命，也没有生命的进化。氨基酸是蛋白质的基本组成单位，它是与生命及不同形式的生命活动紧密联系在一起的一种物质。生物机体中的每一个细胞和细胞的所有重要组成部分都有蛋白质参与组建。高通量蛋白质组（proteome）是指一个特定物种、组织和细胞中转录翻译得到的所有蛋白质的总和（Wasinger et al.，1995）。在很多情况下，蛋白质具有特定的变化规律，这些变化仅依据常规的基因组信息无法得到全面的反映。在植物体不同的发育、生长阶段，蛋白质的种类和数量具有很大的差异，这是一个动态的变化过程。而蛋白质的结构形成、修饰加工、转运定位和蛋白质—蛋白质互作等生物学现象往往和植物的特定生理生化过程紧密相关（付琼，2004）。要精确研究特定生物学过程的内在机制，解释复杂的生物学现象，必然要从蛋白质水平进行系统的研究，即开展蛋白质组学研究。

在植物嫁接过程中，大量蛋白的表达水平发生变化，这些蛋白质所参与的物质代谢、能量代谢、抗性反应、细胞增殖和激素信号转导等途径，毫无疑问对嫁接成活起着至关重要的作用（孟祥勋，1989）。在西瓜中，比较蛋白组分析表明，嫁接苗对盐胁迫的抗性与多个代谢相关酶的表达有关（Yang et al.，2012）。进一步，人们比较了不同西瓜嫁接品种在多个光照条件下的差异蛋白。结果表明，光照可促进关键酶的积累，从而促进接穗与砧木间维管束的形成（Muneer et al.，2015）。在番茄中，蛋白组学研究发现，一类和胁迫响应、碳代谢有关的特殊蛋白与病原菌的抗性有关（Vitale et al.，2014）。除此之外，超氧化物歧化酶、过氧化氢酶、抗坏血酸和过氧化物酶的表达水平也在嫁接过程中升高。这表明，番茄通过调控嫁接接合部抗氧化酶的活力，来增强对环境胁迫的抗性（Muneer et al.，2016）。在木本植物中，基于蛋白组的差异蛋白研究也取得了一定的进展。冯金玲等（2012）以油茶芽苗砧嫁接口为试验材料，运用蛋白质双向电泳结合质谱技术研究嫁接口不同发育时期蛋白质组的变化，得到了 9 个可能与嫁接口愈合有关的蛋白。

在嫁接接合部形成愈伤组织是成功嫁接的第一步，也是关键的一步（Moore et al.，1983）。愈伤组织一旦形成，一系列蛋白向细胞膜释放，进而形成具有酶催化活性的复合物，保证了嫁接的成活（Pina et al.，2005）。目前，关于山核桃嫁接过程的蛋白组信息并不丰富，鉴定嫁接相关的差异表达蛋白，可为人们提供大量的有用信息，更好地指导未来山核桃遗传改良的生产实践。近年来，围绕蛋白提取、差异蛋白筛选和蛋白功能预测，山核桃的蛋白组研究取得了很大进展（Xu et al.，2017）。下面将一一介绍，以供以后的研究参考。

10.1　山核桃嫁接接合部蛋白分析与注释

山核桃嫁接过程中蛋白谱分析实验流程见图 10.1（a）。大量的多肽数据是从质谱数据中提取的。我们检查了所有鉴定肽的质量误差，发现质量误差的分布接近于零，大多数质量误差小于 0.02Da，这意味着质谱数据的质量精度符合要求。大多数肽的长度为 8 ～ 16 个氨基酸残基之间，并与已知的胰蛋白酶肽的性质相符，达到了样品制备要求，可用于后续实验分析 [图 10.1（b）和（c）]。

由此产生的山核桃肽段 MS/MS（质谱）数据使用 Mascot 搜索引擎（v.2.3.0）处理。根据已发表的转录组数据（已上传至 NCBI 数据库，序列号为 SRX2576694）搜索串联质谱数据，并将转录组与串联质谱数据进行联合分析。以胰蛋白酶为裂解酶，允许 2 个错误裂解。前体离子和碎片离子的质量误差设置为 0.02。以半胱氨酸（Cys）碘乙酰胺化为固定修饰，甲硫氨酸（Met）氧化为可变修饰。用 TMT-6-plex 进行蛋白质定量。错误发现率（FDR）的肽和蛋白质鉴定阈值在 1% 以内，肽离子分数设定为小于 20。根据二次光谱中离子信号强度的比值计算出该肽的定量值。然后，与每个蛋白质相关的所有独特肽的平均值被用来量化蛋白质的表达。

功能富集需要有 1 个参考数据集，通过该项分析可以找出在统计上显著富集的 GO 分类。该功能或者定位有可能与研究目的有关。根据挑选出的差异基因，计算这些差异基因同 GO 分类中某（几）个特定的分支的超几何分布关系，GO 分析会对每个有差异基因存在的 GO 返回 1 个 P 值，小的 P 值表示差异基因在该 GO 中出现了富集。根据挑选出的差异基因，计算这些差异基因同通路的超几何分布关系，通路分析会对每个有差异基因存在的通路返回 1 个 P 值，小的 P 值表示差异基因在该通路中出现了富集。

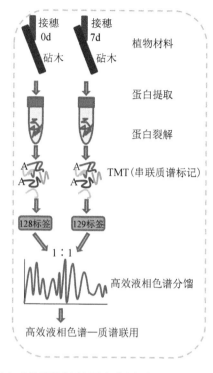

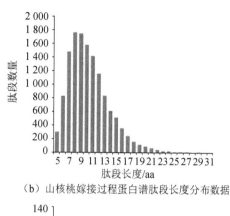

（b）山核桃嫁接过程蛋白谱肽段长度分布数据

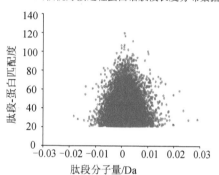

（a）山核桃嫁接过程蛋白谱分析实验流程示意图　　　（c）山核桃嫁接过程蛋白谱肽段质量误差分布散点图

图 10.1　山核桃嫁接过程差异蛋白质谱分析

10.2　山核桃嫁接过程差异蛋白分析

　　定量蛋白质组学研究量化蛋白丰度的变化，以鉴定其生物学功能。液相色谱 - 质谱联用 LC-MS/MS 是一种新的定量蛋白质组学技术，在过去的几年中已经被用于研究。大量被鉴定的蛋白质表明，在山核桃嫁接过程中需要对不同的蛋白质表达模式进行更深入和更全面的分析。利用高效液相色谱（HPLC）整合 LC-MS/MS 的方法，我们一共得到 3 723 个山核桃蛋白质，其中 2 518 个蛋白质得到了定量分析，这批蛋白质长度显示出不同的丰度。我们用不同的分类，包括 GO、蛋白结构域、代谢通路和亚细胞定位来注释蛋白质，以进一步了解鉴定和量化蛋白质的功能和特性。进一步分析鉴定出 710 个蛋白参与了山核桃嫁接过程。在差异表达蛋白中，嫁接后 7d 有 341 个蛋白上调、369 个蛋白下调，其中 Mortalin 28 蛋白、叶绿素 a/b 结合蛋白、预测的蛋白质、类赖氨酸组氨酸转运蛋白 1 和 1 个未知蛋白，上调超过 5 倍。只有 1 个 GRAS 转录因子家族成员下调超过 5 倍。

10.2.1 山核桃嫁接过程中差异蛋白鉴定与分类

1. 山核桃嫁接过程差异蛋白的 GO 分析

山核桃嫁接过程中，经鉴定的大量差异表达蛋白可归于不同的 GO 分类中。这些 GO 分类大体上可分为细胞组分、分子功能和生物学过程。在 710 个得到鉴定的差异蛋白中，344 个蛋白具有催化活性，347 个蛋白参与了代谢过程，308 个蛋白具有结合功能。除此之外，一系列具有电子传递活性、氧化还原活性、转录因子活性、发育信号分子活性的蛋白和信号受体蛋白得到了鉴定。在上述 GO 分类中，大量的代谢相关、细胞过程相关和大分子物质构成等 GO 分类表达上调，而器官、细胞膜和转运体活性等 GO 分类表达下调 [图 10.2 (a)]。

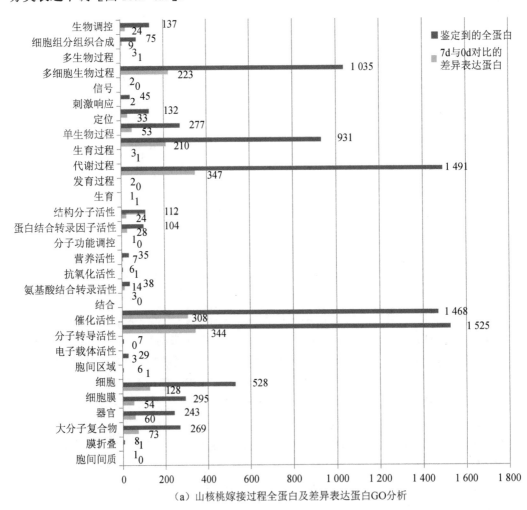

（a）山核桃嫁接过程全蛋白及差异表达蛋白GO分析

图 10.2　山核桃嫁接过程差异蛋白鉴定与分类

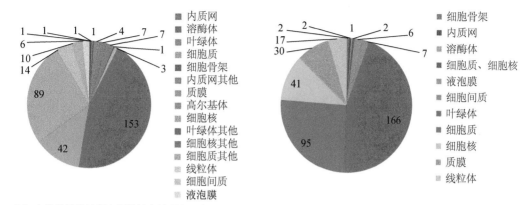

（b）山核桃嫁接过程上调差异表达蛋白亚细胞定位分析　（c）山核桃嫁接过程下调差异表达蛋白亚细胞定位分析

图10.2（续）

2．山核桃嫁接过程差异蛋白的亚细胞定位分析

嫁接过程的差异蛋白依据其亚细胞定位的不同，可分为多个类别。所有嫁接诱导蛋白可分为15个亚细胞组分，诸如45.00%的叶绿体蛋白、26.18%的细胞质蛋白、12.35%的细胞核蛋白、4.12%内质网蛋白和2.94%的溶酶体蛋白。所有嫁接抑制的蛋白可分为11个亚细胞组分，包括44.99%的叶绿体蛋白、25.75%的细胞质蛋白、11.11%的细胞核蛋白、8.13%的细胞膜蛋白和4.61%的线粒体蛋白。表达上调和表达下调蛋白的亚细胞定位比较一致，都集中在叶绿体、细胞质和细胞核中［图10.2（b）和（c）］。

3．山核桃嫁接过程差异蛋白的GO、KEGG及蛋白结构域富集分析

我们分析了山核桃差异蛋白的GO、KEGG及蛋白结构域的显著性富集情况。结果发现，山核桃嫁接过程的差异表达蛋白在GO、KEGG及蛋白结构域等方面具有显著的富集性。在关于生物学过程的GO分类中，大批嫁接过程差异表达蛋白富集于碳水化合物代谢过程、生物刺激响应和防御响应等分类中；在关于细胞组分的GO分类中，内膜系统、内质网和非膜细胞器等分类中富集了大量的嫁接过程差异表达蛋白；在分子功能GO分类中，大量差异表达蛋白富集于细胞骨架结构组成、羧基裂解酶和磷酸苯丙氨酸羧化激酶活性等分类中［图10.3（a）］。在KEGG代谢途径中，差异表达蛋白在5条代谢途径中发生显著富集，它们是淀粉和蔗糖代谢、碳固定和光合、苯丙醇代谢、甾体骨架代谢和黄酮类物质生物合成［图10.3（b）］。同样也有多个蛋白结构域发生显著富集，它们是硫氧还蛋白结构域、START-like结构域、二硫化物异构酶结构域、乳胶蛋白结构域和糖苷水解酶家族18结构域等［图10.3（c）］。

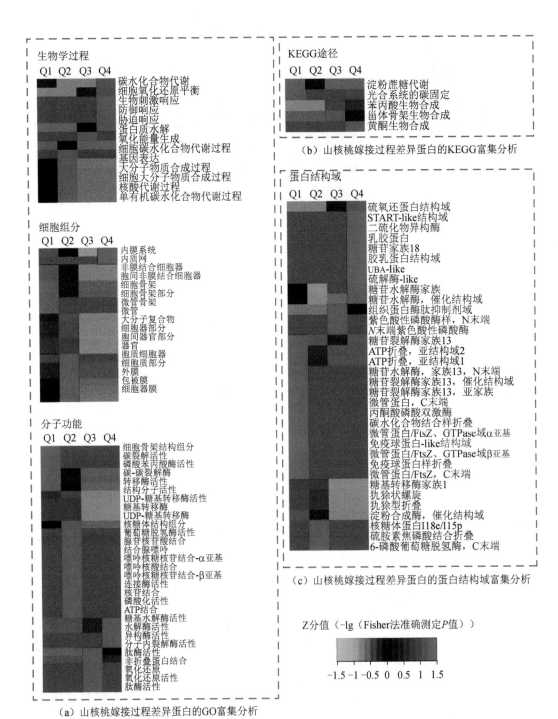

（a）山核桃嫁接过程差异蛋白的GO富集分析

（b）山核桃嫁接过程差异蛋白的KEGG富集分析

（c）山核桃嫁接过程差异蛋白的蛋白结构域富集分析

图10.3　山核桃嫁接过程差异蛋白的 GO、KEGG 及蛋白结构域富集分析

10.2.2　山核桃嫁接过程中转录组学与蛋白质组学的比较

转录水平的调控是真核生物基因表达调控的重要环节，转录水平调控分为发育层级调控（发育调控）和瞬时层级调控（瞬时调控）。其中发育调控是不可逆的过程，主要是指真核生物为确保自身生长、发育和分化等按既定的程序对基因表达进行的调控；瞬时调控是可逆过程，主要指真核生物在内、外环境的刺激下所进行的适应性转录调控。蛋白水平的调控分为基因结构的激活、转录起始、转录物加工、运输到细胞质和 mRNA 翻译调控。

在大多数生物中，两种调控方式往往同时存在。很多生物过程可以在 mRNA 和蛋白质水平分别进行调控。不同的基因，在蛋白质表达和基因转录水平的调控并不一致。为了解嫁接过程不同基因在转录和蛋白质水平的调控机制，对所鉴定的蛋白质及其编码基因进行了组合分级聚类。在转录组中搜索了这些蛋白质编码基因，并且确定了大多数量化蛋白质的 mRNA 水平。我们将蛋白质分为 4 个类群：Ⅰ、Ⅱ、Ⅲ 和 Ⅳ。在第 Ⅰ 类中，蛋白质是被下调的，但它们的编码基因被上调；在第 Ⅱ 类中，蛋白质及其编码基因均被下调；在第 Ⅲ 类中，蛋白质和它们的编码基因均被上调；在第 Ⅳ 类中，蛋白质被上调，但其编码基因被下调（图 10.4）。结果表明，山核桃嫁接过程中，存在着一个复杂的调控网络，基因转录层次和蛋白表达层次的调控相互制约，共同调控嫁接过程。

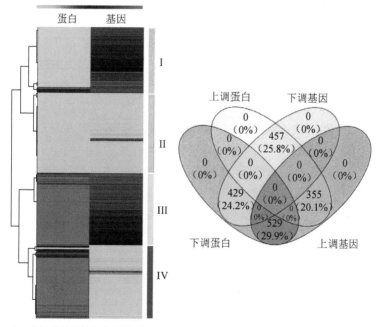

（a）山核桃嫁接过程中差异蛋白和　　（b）维恩图显示上调蛋白—上调基因、上调蛋白—下调基因、
　差异表达基因的比较、聚类分析　　　　下调蛋白—上调基因和下调蛋白—下调基因各个分类的数据统计

图 10.4　山核桃嫁接过程中转录组学与蛋白质组学的比较

10.2.3　山核桃嫁接过程中差异表达蛋白生物学功能分析

1. 参与嫁接过程中愈伤组织形成过程的氧化还原反应

愈伤组织的形成是成功嫁接过程中的第一步和基本步骤。一旦愈伤组织形成，几个关键事件似乎对以后微管连接的发生至关重要。为了建立一个新的细胞稳态，嫁接接合部通过改变它们的生理和蛋白质组反应来抵御存活压力和外界的影响。嫁接接合部的氧化应激反应目前已有报道。番茄嫁接组织蛋白质组学分析表明，几种抗氧化酶，如超氧化物歧化酶（SOD）、过氧化氢酶（CAT）和抗坏血酸过氧化物酶（APX）的活性均有所增加。6 种差异表达抗氧化基因（*SOD1*、*SOD3*、*APX3*、*APX6*、*CAT1* 和 *CAT3*）在梨 / 木瓜组合嫁接中得到了鉴定。在拟南芥中，过表达 SOD 能够催化超氧化物自由基的歧化，增强早期愈伤组织诱导和芽再生能力。在我们的研究中，6 种 *SOD* 基因、3 种 *CAT* 基因和 4 种 *APX* 基因已经在山核桃嫁接过程中被鉴定，它们的蛋白水平也被量化。在这些抗氧化酶中，铜锌超氧化物歧化酶明显上调。此外，在嫁接过程中，3 种 *CAT* 基因和 2 种 *APX* 基因被明显下调，这可能与嫁接过程中组织损伤保护的变化有关。我们的数据表明，嫁接一般会影响山核桃抗氧化防御系统，这种调控是基于对众多氧化还原酶的表达差异来体现的。

2. 非生物刺激反应相关的差异蛋白

目前为止，大量与"非生物刺激反应"相关的蛋白质也被报道参与了嫁接过程。在西瓜中，高光强度在嫁接苗的微管连接和蛋白质表达反应中起重要作用，高强度的光照，作为一种非生物刺激，极大地促进西瓜微管的再连接和提高嫁接的成功率。在番茄中，嫁接接合部对温度胁迫的反应很强烈，不同砧木会影响光合作用对干旱的反应，这表明干旱这种非生物胁迫可能会影响嫁接过程，参与嫁接成活过程的调控。我们的蛋白组学数据表明，3 种应激反应相关的 GO 分类：GO:0009607、GO:0006950 和 GO:0050896 在山核桃中发生富集。大量与这 3 个 GO 分类有关的蛋白质也同时得到鉴定。发病机制相关的 PR 蛋白是一种有抗菌活性的，被不同病原体攻击后诱发积累的植物蛋白。有趣的是，在蛋白质水平的研究中发现 3 种 PR 家族蛋白在山核桃嫁接过程中表达量显著增加，在嫁接接合部显著积累。这一现象在其他物种中也有报道，特别是在嫁接过程中的李子，其 PR10 蛋白在嫁接过程中表达量上调了 3.75 倍。PR10 蛋白在嫁接过程中积累，这可能是在自然环境中嫁接体生存所必需的应激响应。山核桃通过调控 PR 家族蛋白的水平，来抵御外界有害微生物和病原菌。

3. 山核桃嫁接过程生长素相关蛋白的变化

据报道，在植物嫁接过程中生长素信号维持动态平衡。在一些物种中，几种生长素相关基因的表达在嫁接过程中被调控。例如，在葡萄藤嫁接后的早中期，在嫁接接合部生长素的运输载体编码基因的表达明显上调。在山核桃中，4 种生长素响应因子蛋白被鉴定并量化。在嫁接过程中，其表达水平的变化表明生长素信号通路可能参与嫁接过程的微管通路的再建立。维管束是指维管植物的维管组织，是由木质部和韧皮部成束状排列形成的结构。维管束多存在于茎、叶和根等器官中。维管束相互连接构成维管系统，主要作用是为植物体输导水分、无机盐和有机养料等，也有支持植物体的作用。生长素在维管束和叶脉发育过程中对愈伤组织的形成起重要作用。有趣的是，我们同时测定了内源生长素的含量，结果证实了内源性生长素含量的增加，这表明生长素在山核桃嫁接过程中有重要作用，生长素的积累有助于嫁接过程微管的连接。

在研究中分析了几种与生长素相关的蛋白的表达，以揭示生长素信号通路是如何参与山核桃嫁接过程的。总共有 6 种生长素信号通路相关蛋白在我们的山核桃蛋白质组数据中得到鉴定和量化。它们是 1 种生长素响应因子蛋白（ARF 家族成员）、1 种生长素诱导蛋白 PCNT115、1 种生长素转运蛋白、2 种生长素诱导蛋白质 PCNT115-like 及 1 种根系培养相关生长素诱导蛋白。我们还搜索了这些蛋白质在转录组中的编码基因，确定它们是生长素相关蛋白。在这些蛋白质中，4 种蛋白质被明显下调，这与其编码基因的转录水平一致（图 10.5）。

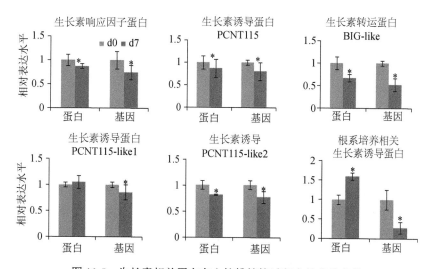

图 10.5　生长素相关蛋白在山核桃嫁接过程中的表达变化

*表示差异显著（$P<0.05$）

10.3　基于山核桃嫁接蛋白组的黄酮及其他代谢途径解析

黄酮类物质的生物合成途径普遍存在于植物体内，并产生极其丰富的次生代谢产物，这类物质统称为类黄酮化合物。黄酮类物质具有多种多样的生物学功能，如黄酮类物质是大多数氧自由基的清除剂，在防止紫外伤害、植物着色和植物防御等方面发挥着重要的作用。黄酮类化合物属植物次生代谢产物。黄酮类化合物是以黄酮（2-苯基色原酮）为母核而衍生的一类黄色色素，其中包括黄酮的同分异构体及其氢化和还原产物，是以 C6-C3-C6 为基本碳架的一系列化合物。黄酮类化合物在植物界分布很广，在植物体内大部分以与糖结合成苷类或碳糖基的形式存在，也有的以游离形式存在，成为自由态的黄酮。类黄酮化合物由于具有显著的生物活性和丰富的资源，而成为人们研究的热点。在山核桃中，关于黄酮类物质的研究也有所展开。前人的研究表明，山核桃外果壳黄酮的分离提取方法已建立，黄酮提取物对小麦和绿豆幼苗有较强的感化效应。上述结果为我们研究山核桃嫁接过程中黄酮类物质的作用，打下了很好的基础。

在研究中，基于山核桃嫁接过程中的差异蛋白 KEGG 途径的分析结果表明，2 种代谢途径——淀粉和蔗糖代谢和碳固定相关蛋白在嫁接过程中被显著下调，但其他 3 种代谢途径——丙烷生物合成、萜骨架生物合成和黄酮生物合成相关蛋白被显著上调。黄酮类植物次生代谢产物受植物丙烷途径调控。黄酮生物合成途径是山核桃嫁接过程中差异最显著的代谢途径。

10.3.1　山核桃黄酮代谢途径相关蛋白

1. 山核桃嫁接过程差异蛋白的生物学功能研究

有报道称，针对代谢（包括卡尔文循环、糖酵解途径、能量代谢和活性氧代谢）的调节，可以提高嫁接黄瓜的生物量和光合能力（Xu et al.，2016）。在嫁接葡萄藤中，离体嫁接观察到的近半数（47.4%）表达变化基因与细胞代谢过程有关（Yang et al.，2015）。GO 分类表明，差异表达蛋白（DEPs）可能与催化活性（41.0%）和新陈代谢过程（40.0%）有关，表明该代谢途径与山核桃嫁接过程有关。以前的研究表明，在愈伤组织快速生长的同时形成了一些抗氧化次生代谢物。例如，在李子的嫁接过程中积累具有氧化还原特性的黄酮类物质。在葡萄的嫁接面上，涉及黄酮生物合成的基因也被普遍上调（Cookson et al.，2013）。分析山核桃嫁接接合部蛋白组数据，发现在山核桃嫁接过程所有的富集代谢途径中，黄酮生物合成途径相关蛋白被明显上调。进一步调查证实，在接穗中总黄酮含量显著增加。这表明，通过活化黄酮的生物合成途径，嫁接诱导形成了一系列下游抗氧化剂次生代谢物。一些研究报告指出，抗氧化次生代谢产物与愈伤组织的形成有密切关系。山核桃正是通过增加黄酮类化合物的积累，从而对愈伤组织的形成发挥了积极的影响。

2. 山核桃黄酮代谢途径相关蛋白的鉴定与表达分析

黄酮类化合物（flavonoids）是一类存在于自然界的、具有 2-苯基色原酮（flavone）

结构的化合物。它们的分子中有 1 个酮式羧基，第 1 位上的氧原子具有碱性，能与强酸成盐，其羟基衍生物多黄色，故又称黄碱素或黄酮。绝大多数植物体内含有黄酮类化合物，它们在植物的生长、发育、开花、结果及抗菌防病等方面起着重要的作用。黄酮类化合物的生物合成途径已经在多种植物中得到鉴定，可为我们在山核桃中鉴定黄酮类相关蛋白质提供参考。

　　我们的研究表明，在山核桃嫁接过程中，黄酮的生物合成代谢途径变化显著。通过蛋白质组学分析，共鉴定了 10 类黄酮生物合成相关蛋白，并对 9 种蛋白质进行了量化。在这些量化的蛋白质中，有 5 种蛋白质（3-羟化酶、肉桂酸-4-羟化酶、黄烷酮醇-4-还原酶、查尔酮合成酶和查尔酮异构酶）的表达被显著上调。只有 1 种黄酮合酶的表达被显著下调（图 10.6）。大批山核桃黄酮代谢相关蛋白的表达上调说明嫁接过程会激活黄酮的代谢。从另一个方面讲，嫁接过程的顺利完成，需要黄酮类物质的积累，并提供一系列氧化还原的生物活性。普遍上调的黄酮生物合成酶，必将导致黄酮合成量的提升和黄酮含量的增加。

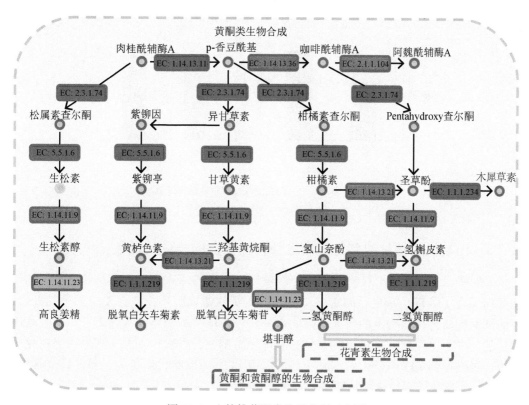

图 10.6　山核桃黄酮类物质代谢示意图

10.3.2 山核桃嫁接过程黄酮类物质含量的测定

多种植物的黄酮含量得到测定，它们在嫁接过程中的作用也得到初步的揭示。人们发现，在一些植物中，嫁接的成功率和黄酮含量密切相关。例如，生物碱和类黄酮含量的高低直接影响了白妙万象和芦荟的嫁接效果，较高的黄酮含量与嫁接成活率密切相关。相对于普通黄瓜，嫁接的黄瓜类黄酮的含量也得到显著提高。研究中，测定了山核桃嫁接过程中黄酮类物质的含量，为探明黄酮物质与嫁接成活的关系提供了理论依据。

对山核桃嫁接过程中接穗和砧木样品中总黄酮含量进行测定。结果表明，接穗的总黄酮含量从嫁接 0d 的 35.3mg·g^{-1} 增加到嫁接后 7d 的 51.4mg·g^{-1}，黄酮含量显著增加；但砧木样品中总黄酮含量在嫁接前后无显著差异。黄酮类生物合成相关蛋白被上调的数量大于下调的数量，这很好地说明了总黄酮含量增加的原因。我们的研究说明，山核桃嫁接过程受到黄酮含量的调控，较高的黄酮含量可能有助于愈伤组织的形成，从而提高嫁接的成活率（图 10.7）。

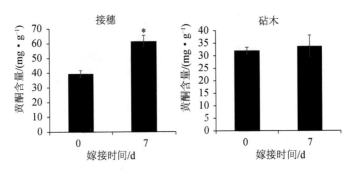

图 10.7　核桃嫁接过程黄酮类物质含量的测定

＊代表在 $P<0.05$ 水平上差异显著

10.3.3 山核桃嫁接过程其他代谢途径相关蛋白的差异分析

前期研究中，多条山核桃代谢途径的发现，为我们深入研究山核桃嫁接过程的代谢变化奠定了基础。嫁接后的山核桃体内的碳氮代谢物积累往往会发生显著的变化，因而碳氮代谢也得到初步的研究。除此之外，对山核桃种子脂肪代谢期 EST（表达序列标签）序列也进行了初步分析，并对脂肪代谢相关的全长 cDNA 序列进行蛋白性质分析。研究得到 143 个全长 cDNA 序列，其中 14 个与脂肪代谢相关。另有研究报道，山核桃的木质素代谢与核桃坚果硬壳的发育有关。

1. 山核桃嫁接影响乙醛酸和三羧酸代谢途径

在植物和微生物乙醛酸循环和三羧酸循环中存在着某些相同的酶类和中间产物。

但是，它们是 2 条不同的代谢途径，乙醛酸循环是在乙醛酸体中进行的，是与脂肪转化为糖密切相关的反应过程；而三羧酸循环是在线粒体中完成的，是与糖的彻底氧化脱羧密切相关的反应过程。油料植物种子发芽时把脂肪转化为碳水化合物是通过乙醛酸循环来实现的，这个过程依赖于线粒体、乙醛酸体及细胞质的协同作用。

本研究表明，山核桃嫁接影响乙醛酸和三羧酸代谢途径相关酶的表达水平。一共有 15 个乙醛酸和三羧酸代谢途径相关蛋白的表达量被鉴定，大部分蛋白的表达量在嫁接过程中发生了显著改变。

2. 山核桃嫁接过程影响氨基酸代谢途径

植物与微生物、动物有所不同，一般并不直接利用蛋白质作为营养物，其细胞内的蛋白质在代谢时需要先行水解。某些氨基酸可以通过特殊代谢途径转变成其他含氮物质，如嘌呤、嘧啶、卟啉、某些激素、色素和生物碱等。体内某些氨基酸在代谢过程中还可以相互转变。

生物合成氨基酸必须以氨基和碳架为原料。某些高等植物可以依靠共生的根瘤菌固定大气中的 N_2，多数植物则直接利用土壤中的氮元素。生物体内的 20 种氨基酸既有共同的分解代谢方式，也有特殊的分解代谢方式。共同的分解代谢方式有转氨基作用和脱羧作用。转氨基作用由转氨酶催化，氨基酸上的氨基移去后生成相应的酮酸。氨基酸彻底分解后的产物是氨和二氧化碳。

已有研究表明，茶树嫁接过程中氨基酸的含量发生变化。对嫁接茶树及其接穗、砧木相应实生苗品种新梢 1 芽 2 叶的氨基酸含量进行了 HPLC 分析，结果表明：供试茶样都检出 17 种游离氨基酸，其中嫁接茶树中茶氨酸含量显著高于砧木和接穗品种，这是导致嫁接茶树中氨基酸总量高于接穗、砧木品种的一个主要原因。此外，甜瓜果实中的主要风味物质是糖和氨基酸。研究不同砧木嫁接对厚皮甜瓜糖和氨基酸积累的影响发现，嫁接可以改变厚皮甜瓜糖和氨基酸积累。

本研究表明，嫁接可以影响山核桃体内氨基酸代谢相关蛋白的表达。其中，以丙氨酸和色氨酸代谢途径的差异最为显著。结果表明，4 个色氨酸代谢相关蛋白的表达量在嫁接过程中发生显著变化，6 个丙氨酸代谢相关蛋白的表达量在嫁接过程中发生显著变化。这些结果说明，丙氨酸和色氨酸代谢参与了山核桃嫁接过程。

第 11 章　山核桃嫁接蛋白质组琥珀酰化分析

蛋白质翻译后修饰（post-translational modification，PTM）是一个动态的、可逆的翻译后蛋白质化学修饰过程（Zhen et al.，2016；Londino et al.，2017）。蛋白质的化学修饰可改变蛋白质的理化性质、三维构象和稳定性。大量研究表明，蛋白质翻译后修饰参与了细胞大部分的生命过程，调控着生命过程的许多方面。已知的蛋白质翻译后修饰往往集中于对赖氨酸的修饰上，目前共有 400 种以上的修饰方式得到鉴定，包括甲基化、磷酸化、乙酰化、糖基化、巴豆酰化和琥珀酰化等。随着高分辨率质谱和高亲和力赖氨酸修饰抗体的出现，大量修饰位点被发现。其中，赖氨酸的琥珀酰化修饰是新近发现的一种蛋白质翻译后修饰，是琥珀酰基供体通过酶学或者非酶学的方式将琥珀酰基团共价结合到赖氨酸残基的过程。作为一个可变的蛋白质翻译后修饰，赖氨酸琥珀酰化同时在真核生物和原核生物中被发现（Weinert et al.，2013）。

早在 2010 年，芝加哥大学团队首次发现赖氨酸琥珀酰化（lysine succinylation）。赖氨酸作为一种最容易被修饰的氨基酸基团，常常在功能调节方面发挥重要作用（Park et al.，2013；Shen et al.，2016；Xu et al.，2017）。琥珀酰 - 赖氨酸基团首先通过质谱分析和蛋白序列对比被鉴定出来，随后研究人员用 western 杂交（免疫印迹）、体内同位素标记等方法证明鉴定出的琥珀酰 - 赖氨酸肽段来自于体内蛋白。这种修饰对不同生理环境能够做出应答，且在进化上是保守的。首先，研究人员运用质谱技术分析了组氨酸标记的异柠檬酸脱氢酶，发现 1 个酶解后的肽段 FTEGAFKDWGYQLAR 产生了 100.018 6Da 的质量偏移。经过与人工合成的琥珀酰赖氨酸肽段进行质谱分析比较，发现二者完美匹配。最后，运用研究人员开发出的 1 种赖氨酸琥珀酰化泛抗体检测异柠檬酸脱氢酶，western 杂交的结果清晰表明，异柠檬酸脱氢酶中存在着琥珀酰化修饰。这 3 种独立的验证共同证明了 100.018 6Da 的质量偏移是由赖氨酸琥珀酰化引起的（Weinert et al.，2013）。

除了发现琥珀酰化这种新型修饰，这项研究还提出：①相比于甲基化和乙酰化，赖氨酸琥珀酰化修饰能够引发更多蛋白质性质的改变。这是由于发生琥珀酰化的赖氨酸基团被赋予 2 个负电荷，价态从 +1 变成 -1，电荷改变高于乙酰化（+1 到 0）和单甲基化（无变化）；而且琥珀酰化带来了 1 个结构更大的基团，对蛋白质结构和功能的改变更大；②琥珀酰辅酶 A 是酶调控的琥珀酰化反应的辅助因子。琥珀酰辅酶 A 作为 1 种重要的代谢反应中间产物，出现在 TCA 循环、卟啉合成和一些支链氨基酸的分解等反应过程中，其稳定状态对维持正常的细胞生理活动至关重要。发生在琥珀酰辅酶 A 代谢中的基因突变很有可能导致疾病的发生（沈佳佳等，2016）。

11.1 山核桃蛋白琥珀酰化位点的鉴定概述

我们以山核桃嫁接接合部作为实验材料，通过高效液相结合串联质谱的方法在202个蛋白质中一共鉴定得到259个琥珀酰化位点。这些蛋白质参与了多种生物学过程，具有广泛的代表性。同时，我们完成了对山核桃琥珀酰化蛋白的差异表达分析，设置1.2倍为上调蛋白的阈值，0.83倍为下调蛋白的阈值。

11.2 山核桃琥珀酰化蛋白的注释结果

我们将所有具有功能富集特性的山核桃琥珀酰化蛋白按照表达水平进行了分类。将所有定量的山核桃琥珀酰化蛋白分成4个类别：上调1.5倍以上的（Q1）、上调1.3～1.5倍的（Q2）、下调1.5倍以上（Q4）和下调1.3～1.5倍的（Q3）。统计分析结果表明，共有7个山核桃琥珀酰化蛋白归于Q1类别，12个山核桃琥珀酰化蛋白归于Q2类别，17个山核桃琥珀酰化蛋白归于Q3类别，14个山核桃琥珀酰化蛋白归于Q4类别。为了解这些蛋白的功能，对其进行了GO功能注释，发现这些蛋白被分配到生物过程和分子功能2个GO子集中。在生物过程中，这些蛋白具有小分子生物合成、有机酸生物合成和初级代谢过程等功能；在分子功能中，这些蛋白具有钙离子结合、金属离子结合和阳离子结合等功能（图11.1）。我们继续分析了所有山核桃琥珀酰化蛋白的亚

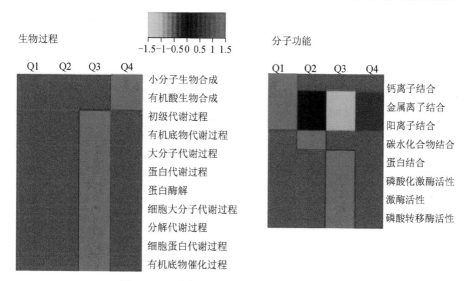

图 11.1　山核桃琥珀酰化蛋白的 GO 分类结果

GO 分类的显著性分析，不同颜色代表不同的显著度；显著的 GO 分类集中于生物过程和分子功能两个方面

细胞定位情况，结果如下：有 28 个山核桃琥珀酰化蛋白定位于叶绿体，23 个琥珀酰化蛋白定位于细胞质，5 个蛋白定位于细胞核，5 个蛋白定位于线粒体，剩下的琥珀酰化蛋白定位于细胞质膜、液泡膜、细胞间质和内质网中（图 11.2）。

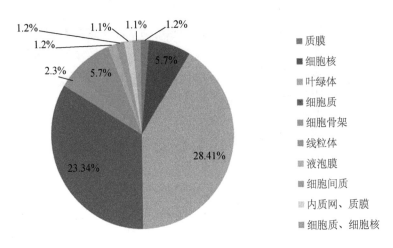

图 11.2　山核桃琥珀酰化蛋白的亚细胞定位分析

11.3　山核桃琥珀酰化蛋白的富集分析

我们首先分析了山核桃琥珀酰化蛋白在不同 GO 分类的富集情况。发现山核桃琥珀酰化蛋白被富集到分子功能和生物过程 2 个子集中，其中分子功能中又包含非折叠蛋白结合、金属离子结合和离子结合 3 个 GO 项；生物过程中包括胁迫响应、糖酵解过程、单细胞碳水化合物代谢、前体代谢和能量、碳水化合物催化过程和苯丙酸代谢等 13 个 GO 项（图 11.3）。

我们又分析了山核桃琥珀酰化蛋白 KEGG 代谢途径的富集情况。发现山核桃琥珀酰化蛋白被分配到碳代谢、糖酵解、光合生物碳固定、内质网蛋白过程、戊糖磷酸途径、乙醛酸吡啶二甲酸二乙酯代谢和氨基酸生物合成 7 个 KEGG 项中（图 11.4）。

蛋白结构域与蛋白的生物学功能密切相关，分析蛋白质的结构域有助于了解山核桃琥珀酰化的功能。我们的研究发现，较多的山核桃琥珀酰化蛋白具有热激蛋白（heat shock protein）的特征结构域，包括 70kDa 和 90kDa。此外，还有较多的山核桃蛋白具有磷酸甘油酸激酶的特征蛋白结构域。

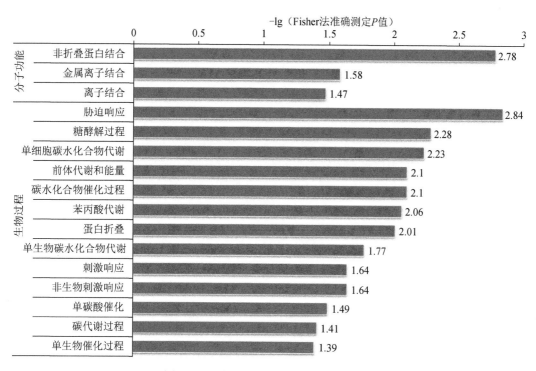

图 11.3　山核桃琥珀酰化蛋白的富集分析

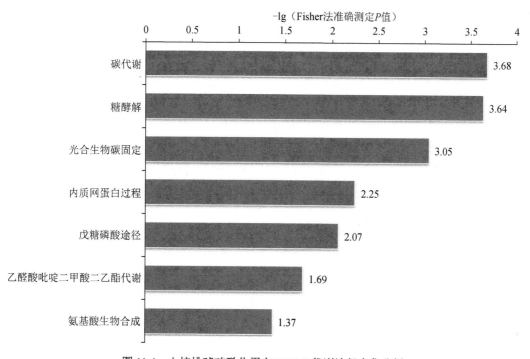

图 11.4　山核桃琥珀酰化蛋白 KEGG 代谢途径富集分析

11.4 山核桃琥珀酰化位点特异氨基酸鉴定

经 Motif-X 软件鉴定，共有 4 个琥珀酰化特异结合位点的模体（motif）……KP……、……K·E……、……E··KK…… 和 ………K·D……。它们的匹配系数分别为 16、16、17.5 和 9.98。多个模体属于首次报道。不同的物种具有不同的琥珀酰化模体，研究模体的差异有助于区分琥珀酰化在物种间的差异。我们的研究结果表明，山核桃琥珀酰化的氨基酸位点为本物种特有，它们可能与山核桃的生物学特性有关。

11.5 山核桃琥珀酰化蛋白参与代谢途径分析

11.5.1 糖酵解途径

糖酵解（glycolysis）是指在无氧条件下，葡萄糖在细胞质中被分解成为丙酮酸的过程，期间每分解 1 分子葡萄糖产生 2 分子丙酮酸及 2 分子 ATP，属于糖代谢的 1 种类型。糖酵解一共 10 步反应，包括 3 种关键酶（限速酶）：己糖激酶、6-磷酸果糖激酶、丙酮酸激酶。自从德国生化学家毕希纳发现离开活体的酿酶具有活性以来，人们开始了对生物体内糖代谢的研究。酿酶被发现几年之后，大量实验证据揭示了糖酵解是动植物体内普遍存在的生物学过程。英国的霍普金斯等发现肌肉收缩同乳酸生成有直接关系。经过科学家的大量研究，终于阐明了从葡萄糖（6 碳）转变为乳酸（3 碳）或酒精（2碳）经历的 12 个中间步骤，并且阐明在这个过程中有几种酶、辅酶和 ATP 等参加反应。

在我们的研究中，7 个糖酵解相关蛋白被鉴定可以琥珀酰化。这些糖酵解相关酶包括 PGM（EC：5.4.2.2）、葡糖-6-磷酸 1-差向异构酶（EC：5.1.3.15）、ALDO（EC：4.1.2.13）、PGK（EC：2.7.2.3）、ENO（EC：4.2.1.11）、DLD（EC：1.8.1.4）和 ADH（EC：1.1.1.1）等。这些酶中，3 个琥珀酰化蛋白上调，3 个琥珀酰化蛋白下调，1 个琥珀酰化蛋白表达水平不变。

11.5.2 戊糖磷酸化途径

磷酸戊糖途径（pentose phosphate pathway）是葡萄糖分解代谢的 1 个途径。此代谢途径是从 6-磷酸葡萄糖（G-6-P）开始，故也称为己糖磷酸旁路。此途径在细胞质中进行，分为 2 个主要阶段。第 1 阶段从 G-6-P 脱氢生成 6-磷酸葡糖酸内酯开始，然后水解生成 6-磷酸葡糖酸，再氧化脱羧生成 5-磷酸核酮糖。第 2 阶段是 5-磷酸核酮糖经过一系列转酮基及转醛基反应，经过磷酸丁糖、磷酸戊糖及磷酸庚糖等中间代谢物，最后生成 3-磷酸甘油醛及 6-磷酸果糖，后二者还可重新进入糖酵解途径进行代谢。

在我们的研究中，5 个磷酸戊糖途径相关酶被鉴定可以琥珀酰化。这些磷酸戊糖途径相关酶包括 G6PD（EC：1.1.1.49）、G6PD（EC：1.1.1.363）、TKT（EC：2.2.1.1）、ALDO（EC：4.1.2.13）和 PGM（EC：5.4.2.2）。这些磷酸戊糖途径相关酶的表达水平普遍下调。

11.5.3　其他代谢途径

乙醛酸循环主要出现在植物和微生物中。乙醛酸循环和三羧酸代谢途径存在着某些相同的酶类和中间产物。但它们是 2 条不同的代谢途径。我们的研究表明，在山核桃中，多个乙醛酸和三羧酸代谢途径相关酶可以琥珀酰化。

除此之外，碳固定、碳代谢、氨基酸生物合成和在内质网的蛋白质过程等代谢途径也被发现是山核桃琥珀酰化蛋白的富集代谢途径。

参 考 文 献

艾呈祥，李翠学，陈相艳，等，2006. 我国山核桃属植物资源 [J]. 落叶果树，38（4）：23-24.

艾雪，2009. 山核桃水通道蛋白（CcPIP）基因克隆及其功能初步分析 [D]. 杭州：浙江林学院.

陈晓阳，谢文军，罗海山，等，2011. 植物生长素运输载体研究进展 [J]. 作物研究，25（6）：604-609.

方佳，2013. CcARF 基因在山核桃嫁接过程中的功能分析 [D]. 杭州：浙江农林大学.

方佳，何勇清，余敏芬，等，2012. 植物生长素响应因子基因的研究进展 [J]. 浙江农林大学学报，29（4）：611-616.

冯金玲，杨志坚，陈辉，2012. 油茶芽苗砧嫁接口不同发育时期差异蛋白质分析 [J]. 应用生态学报，23（8）：2055-2061.

付琼，2004. 蛋白质组学研究进展与应用 [J]. 江西农业大学学报，26（5）：818-823.

郭怀斌，1995. 关于提高核桃嫁接成活率问题的初步探讨 [J]. 林业科技通讯，（10）：30-31.

何方，1988. 关于建立名、特、优经济林商品基地的思考 [J]. 经济林研究，6（1）：80-85.

何勇清，2013. 山核桃水通道蛋白 CcPIP1 在山核桃嫁接过程中的功能初步研究 [D]. 杭州：浙江农林大学.

黄坚钦，2002. 山核桃嫁接的生物学机理研究 [D]. 南京：南京林业大学.

黄坚钦，章滨森，陆建伟，等，2001. 山核桃嫁接愈合过程的解剖学观察 [J]. 浙江林学院学报，18（2）：111-114.

黎章矩，钱莲芳，1992. 山核桃科研成就和增产措施 [J]. 浙江林业科技，12（6）：49-53.

李新委，谢世友，马燕，2015. 山核桃营养价值与种植经济效益分析 [J]. 农学学报，5（2）：51-56.

刘传荷，2008. 山核桃嫁接愈合过程的解剖学研究及 IAA 免疫金定位 [D]. 杭州：浙江林学院.

卢善发，邵小明，杨世杰，1995. 嫁接植株形成过程中接合部组织学和生长素含量的变化 [J]. 植物学通报，12（4）：38-41.

孟祥勋，1989. 大豆嫁接当代籽粒蛋白质含量变化的初步分析 [J]. 大豆科学，（2）：197-201.

钱尧林，程益鹏，郑渭水，1994. 山核桃嫁接新技术 [J]. 杭州科技，（4）：17.

钱尧林，程益鹏，程渭水，1995. 山核桃嫁接新技术 [J]. 浙江林业，（2）：17.

沈佳佳，闻浩，2016. 蛋白质赖氨酸琥珀酰化修饰研究进展 [J]. 医学研究生学报，29（3）：332-336.

司马晓娇，2015. 山核桃嫁接过程中 Aux/IAA 基因功能研究和小 RNA 测序分析 [D]. 杭州：浙江农林大学.

孙舒乐，2017. 山核桃嫁接关键技术要点研究 [J]. 种子科技，8：93-94.

唐艺荃，王红红，胡渊渊，等，2017. 山核桃属种间嫁接亲和性分析 [J]. 果树学报，34（5）：584-593.

汪开发，2016. 影响山核桃嫁接成活率因子分析 [J]. 安徽农学通报，22（6）：69-70.

汪祥顺，蔡传山，徐德传，等，1997. 山核桃嫁接技术研究 [J]. 林业科技通讯，（11）：29-31.

王白坡，程度建，喻卫武，2002. 山核桃嫁接育苗成活率探讨 [J]. 浙江林学院学报，19（3）：231-234.

王鸿，2014. 山核桃播种育苗技术 [J]. 农业科技与信息，14：43-44.

王绍忠，方向宁，1991. 安徽山核桃调查报告 [J]. 经济林研究，9（1）：33-37.

姚维娜，汪祥顺，汪孝成，2010. 山核桃嫁接技术 [J]. 经济林研究，28（1）：56-58.

俞飞飞，周军永，陆丽娟，等，2015. 山核桃嫁接成活率影响因子分析 [J]. 中国林副特产，3：7-9.

章小明，汪祥顺，黄奎武，等，1999. 山核桃嫁接技术的可行性分析 [J]. 林业科技开发，（5）：45-47.

郑炳松，陈苗，褚怀亮，等，2009. 用 cDNA-AFLP 技术分析山核桃嫁接过程中的 CcARF 基因表达 [J]. 浙江林学院学报，26（4）：467-472.

郑炳松，刘力，黄坚钦，等，2002. 山核桃嫁接成活的生理生化特性分析 [J]. 福建林学院学报，22（4）：320-324.

褚怀亮，郑炳松，2008. 植物嫁接成活机理研究进展 [J]. 安徽农业科学，36（13）：5405-5407.

朱玉球，廖望仪，黄坚钦，等，2001. 山核桃愈伤组织诱导的初步研究 [J]. 浙江林学院学报，18（2）：115-118.

AUDIC S, CLAVERIE J M, 1997. The significance of digital gene expression profiles [J]. Genome research, 7(10): 986-995.

COOKSON S J, MORENO M J C, HEVIN C, et al., 2013. Graft union formation in grapevine induces transcriptional changes related to cell wall modification, wounding, hormone signalling, and secondary metabolism [J]. Journal of experimental botany, 64(10): 2997-3008.

GUILFOYLE T J, 1998. Aux/IAA proteins and auxin signal transduction [J]. Trends in plant science, 3(6): 205-207.

GUO W, YUAN H, GAO L, et al., 2017. Cloning and bioinformatics analysis of *CcPILS* gene of hickory (*Carya cathayensis*) [J]. IOP conference series: earth and environmental science, 61(1): 12072.

HIGGINS C F, 2001. ABC transporters: physiology, structure and mechanism–an overview [J]. Research in microbiology, 152(3): 205-210.

HUANG Y, LIU L, HUANG J, et al., 2013. Use of transcriptome sequencing to understand the pistillate flowering in hickory (*Carya cathayensis* Sarg.) [J]. Bmc genomics, 14(1): 691.

HUANG Y, ZHOU Q, HUANG J, et al., 2015. Transcriptional profiling by DDRT-PCR analysis reveals gene expression during seed development in *Carya cathayensis* Sarg. [J]. Plant physiology and biochemistry, 91: 28-35.

KUMAR S, GAO L X, YUAN H W, et al., 2018. Auxin enhances grafting success in *Carya cathayensis* (Chinese hickory) [J]. Planta, doi: 10.1007/s00425-017-2824-3.

KUMAR S, JI G, GUO H, et al., 2018. Over-expression of a grafting-responsive gene from hickory increases abiotic stress tolerance in *Arabidopsis* [J]. Plant cell reports, doi: 10.1007/s00299-018-2250-4.

LONDINO J D, GULLICK D L, LEAR T B, et al., 2017. Post-translational modification of the interferon gamma receptor alters its stability and signaling [J]. Biochemical journal, 474(20):3543-3557.

MAN M Z, WANG X, WANG Y, 2000. POWER_SAGE: comparing statistical tests for SAGE experiments [J]. Bioinformatics, 16(11): 953-959.

MOORE R, WALKER D B, 1983. Studies of vegetative compatibility-incompatibility in higher plants [J]. American journal of botany, 115(2-3): 114-121.

MUNEER S, KO C H, SOUNDARARAJAN P, et al., 2015. Proteomic study related to vascular connections in watermelon scions grafted onto bottle-gourd rootstock under different light intensities [J]. Plos one, 10(3): e0120899.

MUNEER S, KO C H, WEI H, et al., 2016. Physiological and proteomic investigations to study the response of tomato graft unions under temperature stress [J]. Plos one, 11(6): e0157439.

PARK J, CHEN Y, TISHKOFF D X, et al., 2013. SIRT5-mediated lysine desuccinylation impacts diverse metabolic pathways [J]. Molecular cell, 50(6): 919-930.

PINA A, ERREA P, 2005. A review of new advances in mechanism of graft compatibility-incompatibility [J]. Scientia horticulturae, 106(1): 1-11.

QIU L, JIANG B, FANG J, et al., 2016. Analysis of transcriptome in hickory (*Carya cathayensis*), and uncover the dynamics in the hormonal signaling pathway during graft process [J]. Bmc genomics, 17(1): 935.

SHEN C, XUE J, SUN T, et al., 2016. Succinyl-proteome profiling of a high taxol containing hybrid *Taxus* species (*Taxus x media*) revealed involvement of succinylation in multiple metabolic pathways [J]. Scientific reports, 6: 21764.

SIMA X, JIANG B, FANG J, et al., 2015. Identification by deep sequencing and profiling of conserved and novel hickory microRNAs involved in the graft process [J]. Plant biotechnology reports, 9(3): 115-124.

VITALE A, ROCCO M, ARENA S, et al., 2014. Tomato susceptibility to *Fusarium* crown and root rot: effect of grafting combination and proteomic analysis of tolerance expression in the rootstock [J]. Plant physiology & biochemistry, 83: 207-216.

WANG Z, HUANG J, HUANG Y, et al., 2014. Deep sequencing of microRNAs from hickory reveals an extensive degradation and 3' end modification [J]. Plant biotechnology reports, 8(2): 203-209.

WANG Z, HUANG R, SUN Z, et al., 2017. Identification and profiling of conserved and novel microRNAs involved in oil and oleic acid production during embryogenesis in *Carya cathayensis* Sarg [J]. Functional & integrative genomics, 17(2): 1-9.

WANG Z J, HUANG J Q, HUANG Y J, et al., 2012a. Cloning and characterization of a homologue of the *FLORICAULA/LEAFY* gene in hickory (*Carya cathayensis* Sarg.) [J]. Plant molecular biology reporter, 30(3): 794-805.

WANG Z J, HUANG J Q, HUANG Y J, et al., 2012b. Discovery and profiling of novel and conserved microRNAs during flower development in *Carya cathayensis* via deep sequencing [J]. Planta, 236(2): 613-621.

WASINGER V C, CORDWELL S J, CERPA-POLJAK A, et al., 1995. Progress with gene-product mapping of the

Mollicutes: Mycoplasma genitalium [J]. Electrophoresis, 16(7): 1090-1094.

WEINERT B T, SCHOLZ C, WAGNER S A, et al., 2013. Lysine succinylation is a frequently occurring modification in prokaryotes and eukaryotes and extensively overlaps with acetylation [J]. Cell reports, 4: 842-851.

XU D, YUAN H, TONG Y, et al., 2017. Comparative proteomic analysis of the graft unions in hickory (*Carya cathayensis*) provides insights into response mechanisms to grafting process [J]. Frontiers in plant science, 8: 676.

XU Q, GuO S R, LI L, et al., 2016. Proteomics analysis of compatibility and incompatibility in grafted cucumber seedlings [J]. Plant physiol biochem, 105: 21-28.

XU X, LIU T, YANG J, et al., 2017. The first succinylome profile of *Trichophyton rubrum* reveals lysine succinylation on proteins involved in various key cellular processes [J]. Bmc genomics, 18(1): 577.

YUAN H, ZHAO L, QIU L, et al., 2017. Transcriptome and hormonal analysis of grafting process by investigating the homeostasis of a series of metabolic pathways in *Torreya grandis* cv. Merrillii [J]. Industrial crops and products, 108: 814-823.

YANG Y, WANG L, TIAN J, et al., 2012. Proteomic study participating the enhancement of growth and salt tolerance of bottle gourd rootstock-grafted watermelon seedlings [J].Plant physiol & biochemistry, 58: 54.

YANG Y, MAO L, JITTAYASOTHORN Y, et al., 2015. Messenger RNA exchange between scions and rootstocks in grafted grapevines [J]. Bmc plant biology, 15(1): 251.

ZHENG B S, CHU H L, JIN H, et al., 2010. cDNA-AFLP analysis of gene expression in hickory (*Carya cathayensis*) during graft process [J]. Tree physiology, 30(2): 297-303.

ZHEN S, DENG X, WANG J, et al., 2016. First comprehensive proteome analyses of lysine acetylation and succinylation in seedling leaves of *Brachypodium distachyon* L [J]. Scientific reports, 6: 31576.